职业教育教学用书

AutoCAD 2018
基础教程

曹 燕◎主 编

電子工業出版社

Publishing House of Electronics Industry

北京·BEIJING

内 容 简 介

AutoCAD 2018 是由 Autodesk 公司推出的通用计算机辅助绘图与设计软件。本书采用任务驱动模式，以产品设计为基准，从实用角度出发，针对 AutoCAD 2018 版本的新功能，通过十几个各具特色的任务实例全面讲解软件的基本操作。书中每个任务实例均有详细的操作过程讲解，并配有相关教学视频，因此本书可作为初学者的入门级教程，让读者在练习中学习，在操作中提高。

本书共分为 5 个模块，从 AutoCAD 2018 设计基础开始，涉及二维图形的绘制与编辑、尺寸标注与数据查询、三维图形绘制与编辑、图纸布局和打印。

本书编者均为一线教师，内容均是编者多年从教 AutoCAD 的知识归纳和总结。本书内容讲解透彻，具有较强的实用性，可操作性极强，特别适合读者自学和中职学校作为教材和参考用书使用，同时也适合初级工程技术人员学习和参考之用。

另外，本书配有数字资料包，其中包含了各个任务实例及操作练习题的源文件和操作讲解视频。

图书在版编目（CIP）数据

AutoCAD 2018 基础教程 / 曹燕主编. —北京：电子工业出版社，2023.12

ISBN 978-7-121-47099-8

Ⅰ. ①A… Ⅱ. ①曹… Ⅲ. ①AutoCAD 软件—中等专业学校—教材 Ⅳ. ①TP391.72

中国国家版本馆 CIP 数据核字（2024）第 004624 号

责任编辑：郑小燕　　特约编辑：徐　震
印　　刷：三河市君旺印务有限公司
装　　订：三河市君旺印务有限公司
出版发行：电子工业出版社
　　　　　北京市海淀区万寿路 173 信箱　邮编　100036
开　　本：880×1 230　1/16　印张：13.25　字数：339.2 千字
版　　次：2023 年 12 月第 1 版
印　　次：2023 年 12 月第 1 次印刷
定　　价：39.80 元

前 言

　　AutoCAD 是由 Autodesk 公司开发的通用计算机辅助绘图与设计软件包，拥有强大的绘图功能，是目前应用较广泛的计算机辅助设计软件之一。AutoCAD 已是机械、建筑、汽车、电子、航天、造船、地质、服装等许多领域不可缺少的工具，因此，熟练地运用 AutoCAD，已是从事这类行业的工程技术人员所必须具备的技能。

　　本书以初学者为对象，采用任务驱动模式，将理论知识和操作技能相结合，以设计需求为切入点，引导读者一步步掌握 AutoCAD 2018 的基本绘图功能，让读者充分体会到学中做、做中学的乐趣。

　　本书主要内容包括 AutoCAD 2018 设计基础、二维图形的绘制与编辑、尺寸标注与数据查询、三维图形绘制与编辑、图纸布局和打印共 5 个模块。为了让读者更好地理解与应用相关知识，本书将每一个案例作为一个任务，辅以详细的绘图步骤说明，让读者在学习时少走弯路，尽快掌握操作要领。

　　本书适用于想快速掌握 AutoCAD 绘图技术的初级用户，特别适合中职学校作为教材使用。希望读者能通过本书任务的引导，快速掌握各类图形的设计与制作方法。

　　另外，本书配有数字资料包，其中包含了各个任务实例及操作练习题的源文件和操作讲解视频。

　　本书主要由滨州市无棣县职业中专的曹燕老师编写并负责全书的统稿工作，另外，淄博市工业学校的陈道斌老师也参与了编写工作。其中模块 1～模块 3 由曹燕编写，模块 4、模块 5 由陈道斌编写。

　　尽管编者在编写过程中本着认真负责的态度，精益求精，对所有内容进行了认真的审核，但由于水平有限，书中难免存在不足之处，欢迎读者对本书提出宝贵意见和建议，以便再版时加以完善。

　　本书作为教材使用时建议全为上机课时，课时安排如下：

课　　程	课　　时
模块 1	4 课时
模块 2	30 课时
模块 3	8 课时
模块 4	12 课时
模块 5	6 课时
总　计	60 课时

目　录

模块1
AutoCAD 2018 设计基础

【学习目标】

- 熟悉 AutoCAD 2018 的界面组成及其坐标系统
- 学会使用对象显示与观察工具
- 熟悉绘图辅助工具
- 能够对图层进行创建与管理

AutoCAD 是 Autodesk 公司的旗舰产品，该软件凭借其独特的优势在 CAD 领域一直处于领先地位，并拥有数百万的用户。自 1982 年 12 月推出以来，AutoCAD 经过近 40 年的不断发展和完善，其操作更加方便，功能更加齐全。通过本模块的学习，可使用户初步认识 AutoCAD 2018，为以后的实例学习打下基础。

任务1 AutoCAD 2018 入门

学习目标

- 熟悉 AutoCAD 2018 的界面组成
- 能够对 AutoCAD 2018 的工作空间进行设置
- 能够对 AutoCAD 2018 的文件进行管理
- 掌握 AutoCAD 2018 中平移与缩放工具的使用方法
- 学会使用 ViewCube 工具

AutoCAD 2018 基础教程

1．工作空间

工作空间即工作环境，初次进入 AutoCAD 2018 工作环境时，会打开"开始"窗口，在该窗口中有"了解"和"创建"两个选项，如图 1-1 所示。进入 AutoCAD 2018 环境后，默认的是"草图与注释"工作环境，该环境界面如图 1-2 所示。

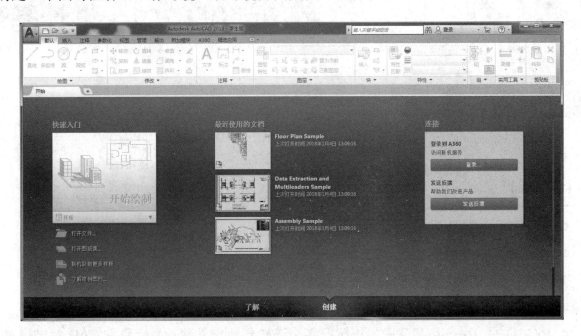

图 1-1   "开始"窗口

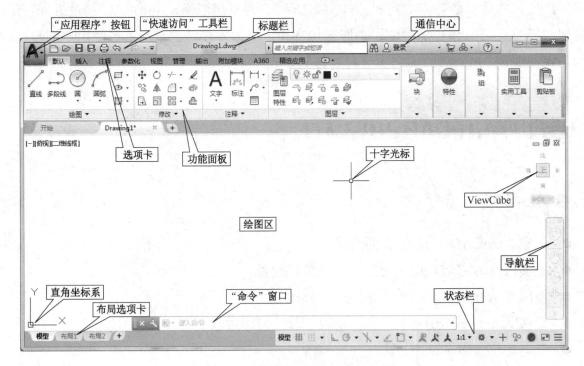

图 1-2   "草图与注释"工作环境

AutoCAD 2018 默认为用户提供了三种工作空间模式，分别是"草图与注释""三维基础""三维建模"。除了该软件本身提供的这三种工作空间模式，用户也可以根据需要，设置适合自己的工作空间模式。选择工作空间模式有以下两种方法。

（1）从"快速访问"工具栏中切换工作空间

AutoCAD 2018 的"快速访问"工具栏上并没有"工作空间"选项，用户可以首先通过"快速访问"工具栏的设置，添加"工作空间"选项，然后在工作空间选项下拉菜单中进行选择，如图 1-3（a）所示。选择不同的工作空间名称，即可进入相应的工作空间。

（2）从应用程序状态栏中切换工作空间

单击应用程序状态栏的"切换工作空间"图标 ⚙，在弹出的工作空间下拉菜单中选择不同的空间名称，即可进入相应的工作空间，如图 1-3（b）所示。

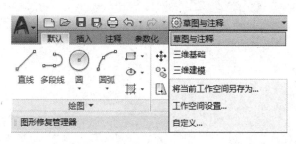

（a）工作空间选择方法 1

（b）工作空间选择方法 2

图 1-3　选择工作空间模式

2. 工作界面

下面以图 1-2 所示的"草图与注释"工作环境为例，介绍 AutoCAD 2018 的工作界面。组成界面的元素很多，这里着重介绍其中几个。

（1）"应用程序"菜单

"应用程序"按钮 A 位于界面的左上角。单击该按钮，系统弹出"应用程序"菜单，如图 1-4 所示，该菜单包含了 AutoCAD 的部分功能，用户选择后可执行相应的操作。

（2）"快速访问"工具栏

"快速访问"工具栏位于"应用程序"按钮的右侧，包含了常用的快捷工具按钮。单击"快速访问"工具栏右侧的下拉箭头，可弹出如图 1-5 所示的下拉菜单，通过此下拉菜单可以对

"快速访问"工具栏进行设置。

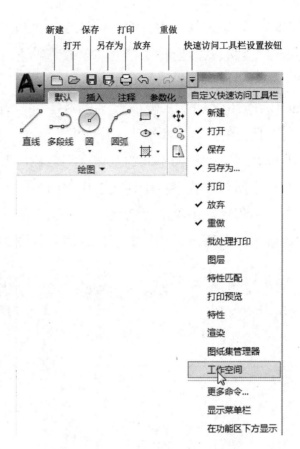

图 1-4 "应用程序"菜单 图 1-5 "快速访问"工具栏

（3）功能区

功能区位于绘图区的上方，由许多常用功能面板组成。功能区包含了设计绘图的绝大多数命令，如图 1-6 所示，即为"默认"选项卡下的部分功能区。用户单击功能面板上的按钮，即可激活相应的命令。在功能区可通过右键菜单，对功能区的"显示选项卡"及"显示面板"进行设置，如图 1-7 所示。也可拖曳功能面板标签，将其置为浮动状态。

图 1-6 功能区

如果因某种原因或误操作，关闭了功能区，可以通过切换工作空间，把功能区重新显示出来。

（4）绘图区

在 AutoCAD 界面中，绘图区是最大的区域，它是用户进行绘图的主要工作区域。绘图区的左上角是视口、视图及视觉样式的控件，通过这些控件可进行视图、视觉样式的切换。绘图区的左下角是直角坐标系显示标志，用于指示图形设计的平面。绘图区的右上角是图形窗口操作按钮，分别是最小化、最大化和关闭，若在 AutoCAD 中打开多个文件，则可通过操作这些按钮进行图形文件的切换和关闭。

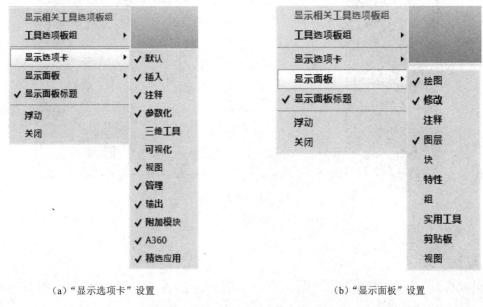

(a)"显示选项卡"设置　　　　　　　　　　　(b)"显示面板"设置

图 1-7　"显示选项卡"及"显示面板"的设置

（5）布局选项卡

布局选项卡有模型、布局两种模式。模型是指在 AutoCAD 中用绘制与编辑命令生成的代表现实世界物体的对象，模型空间是建立模型时所处的 AutoCAD 环境，启动 AutoCAD 后，默认处于模型空间，在模型空间操作时通常不限制绘图范围，且使用 1:1 的比例来绘制图形，如图 1-8（a）所示。布局模式其实就是图纸空间，是设置、管理视图的 AutoCAD 环境。图纸空间的"图纸"与真实的图纸相对应，主要用于出图，如图 1-8（b）所示。

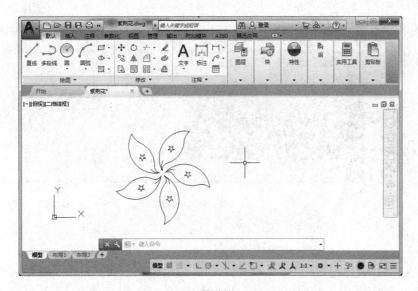

(a) 模型空间

图 1-8　布局选项卡

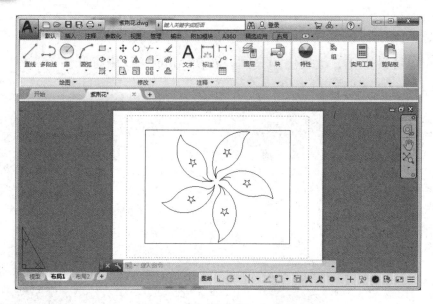

（b）图纸空间

图1-8　布局选项卡（续）

（6）"命令"窗口

"命令"窗口位于图形窗口的下面，其默认显示三行命令。AutoCAD 所有的命令都可以在"命令"窗口实现。例如，绘制直线时，可直接在命令行输入 Line 或者 L 即可激活直线命令，如图1-9（a）所示。

"命令"窗口除了用于激活命令，它也是 AutoCAD 软件中人机交互的地方。用户输入命令后，"命令"窗口会给出下一步的操作提示，并且所有的操作记录过程均记录在"命令"窗口中。

如果需要显示多行命令，可以调节"命令"窗口显示的行数。将光标定位在"命令"窗口与图形窗口的分界线上时，光标会变为 $\leftrightarrow$ ，此时拖曳光标，即可调节"命令"窗口显示命令的行数，如图1-9（a）所示。

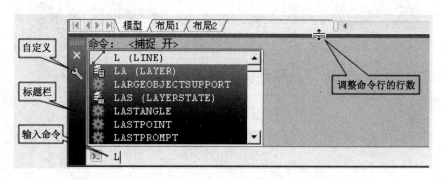

（a）调节命令行的行数

图1-9　"命令"窗口

拖动命令行左侧的灰色标题栏，可以将"命令"窗口设置为浮动窗口，单击"命令历史记录"按钮或者按F2键，AutoCAD 将弹出文本窗口，供用户查阅历史记录，如图1-9（b）所示。

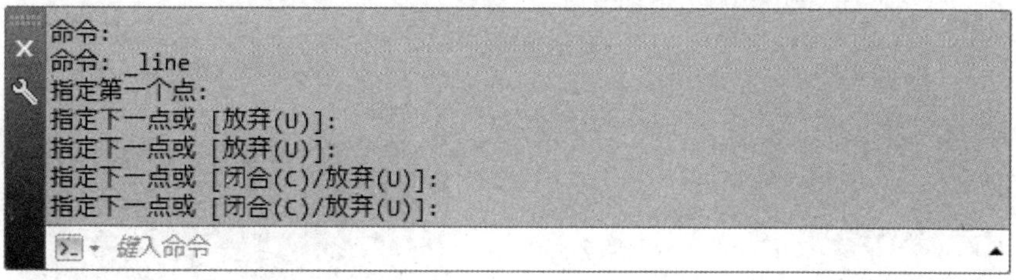

```
命令:
命令: _line
指定第一个点:
指定下一点或 [放弃(U)]:
指定下一点或 [放弃(U)]:
指定下一点或 [闭合(C)/放弃(U)]:
指定下一点或 [闭合(C)/放弃(U)]:
▶- 键入命令                              ▲
```

(b) 文本窗口

图 1-9 "命令"窗口（续）

（7）状态栏

在 AutoCAD 2018 的状态栏中，绘图辅助工具用来帮助精确绘图，注释工具用来显示注释比例及可见性，如图 1-10 所示。

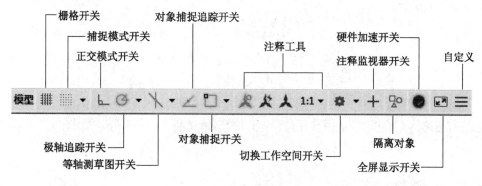

图 1-10 状态栏

3. AutoCAD 的图形文件管理

在 AutoCAD 中对图形文件的管理包括新建、打开、保存及输入/输出等。

（1）新建图形文件

新建图形文件的具体方法有以下四种。

① 单击"快速访问"工具栏上的"新建"按钮 ▭ 。

② 在"应用程序"菜单中，单击"新建"按钮，选择"图形"，如图 1-4 所示。

③ 在命令行输入 new，并按回车键确认。

④ 快捷键："Ctrl+N"组合键。

采用上述方法执行新建图形文件命令后，弹出"选择样板"对话框，如图 1-11 所示。选择一个样板文件，单击"打开"按钮，即可创建新的图形文件。

（2）打开图形文件

打开图形文件的具体方法有以下四种。

① 单击"快速访问"工具栏上的"打开"按钮 ▱ 。

② 在"应用程序"菜单中，单击"打开"按钮，选择相应的文件类型，如图 1-12（a）所示。

③ 在命令行输入 open，并按回车键确认。

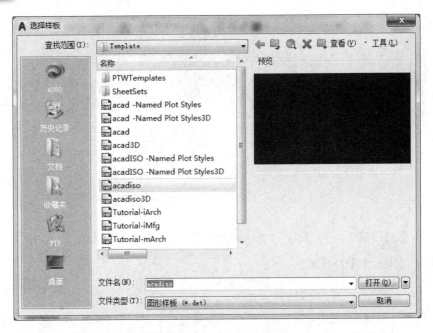

图 1-11　"选择样板"对话框

④ 快捷键："Ctrl+O"组合键。

采用上述方法执行打开文件命令后，弹出"选择文件"对话框，如图 1-12（b）所示。找到要打开的文件，单击"打开"按钮即可。

（a）"应用程序"菜单打开图形文件

（b）"选择文件"对话框

图 1-12　打开图形文件

（3）保存图形文件

保存图形文件的具体方法有以下四种。

① 单击"快速访问"工具栏上的"保存"按钮 🖫 。

② 在"应用程序"菜单中，单击"保存"按钮。

③ 在命令行输入 qsave，并按回车键确认。

④ 快捷键："Ctrl+S"组合键。

采用上述方法执行保存文件命令后，若当前的图形文件已经命名并保存过，则按照当前文件的名称及路径保存文件；若当前的图形文件是第一次保存，则会弹出"图形另存为"对话框，如图 1-13 所示，选择要保存的文件路径及文件类型，命名文件后，单击"保存"按钮即可保存文件。

图 1-13   "图形另存为"对话框

（4）输入与输出图形文件

在"应用程序"菜单中，单击"输入"或"输出"按钮后，选择相应的图形格式，即可输入、输出相应格式的图形文件，如图 1-14 所示。

4．平移与缩放工具

在使用 AutoCAD 软件的过程中，经常需要移动或放大软件的界面，有时用户需要看到整个界面，有时只需要看到某个局部区域，使用缩放或平移工具可以方便用户看到不同的界面范围。缩放工具位于绘图区右侧的导航栏内，如图 1-15 所示。单击"视图"选项卡下"视口工具"功能面板上的"导航栏"按钮可以关闭或打开导航栏，如图 1-16 所示。

（1）平移

单击导航栏上的"平移"按钮 🖑 执行平移命令，可以改变视图中心的位置，将图形在绘图区的适当位置显示。执行平移命令后，鼠标光标变成小手的形状 ✋，用户可以在各个方向上拖曳图形，将窗口移动到需要的位置。因此，在观察图形的不同位置时，可以使用该功能调整图形到需要显示的位置。在执行平移命令过程中，单击鼠标右键通过弹出的快捷菜单可以切换到其他选项，也可以选择"退出"以结束平移命令，如图 1-17 所示。

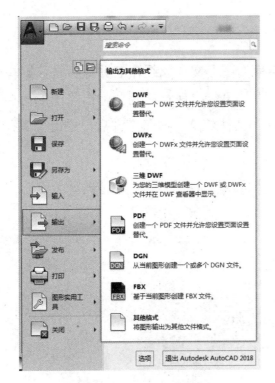

图 1-14　图形输出格式

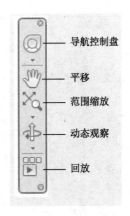

图 1-15　导航栏

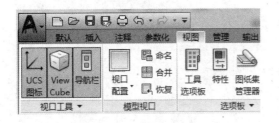

图 1-16　视口工具

图 1-17　执行平移命令过程中的右键快捷菜单

　　说明：结束平移命令，除了在右键快捷菜单中单击"退出"命令，也可以通过按回车键或者 ESC 键结束平移命令。需要特别说明的是：执行平移命令与拖曳滚动条的效果是一致的，实际上并没有移动图形，只是改变了界面显示位置。

　　（2）实时缩放

　　单击导航栏上"范围缩放"的菜单按钮，弹出下拉列表，选择"实时缩放"选项，如图 1-18 所示。此时，光标变为 Q^+ 形状，按住左键并拖曳，向上为放大比例，向下为缩小比例。按回车键或 ESC 键可退出实时缩放。

　　（3）范围缩放

　　"范围缩放"就是使图形中所有对象最大化地显示在屏幕上。例如，我们绘制的图形仅占屏幕一小部分，执行"范围缩放"后，所有图形将尽量地放大到整个屏幕，而不考虑图

图 1-18　"范围缩放"下拉列表

形界限的影响。

（4）窗口缩放

"窗口缩放"就是在当前图形中拉出一个矩形区域，将该区域所包含的所有图形放大到整个屏幕。在导航栏中，单击导航栏上"范围缩放"的菜单按钮，弹出下拉列表，选择"窗口缩放"选项，此时光标变为"十"字形状，确定窗口缩放区域，用鼠标拾取矩形区域的两个角点，拖出一个矩形框，如图 1-19 所示，CAD 就将矩形窗口内的图形放大到整个图形区，如图 1-20 所示。

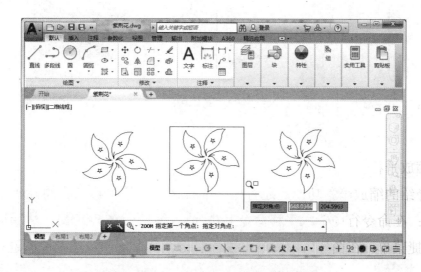

图 1-19　"窗口缩放"的矩形窗口

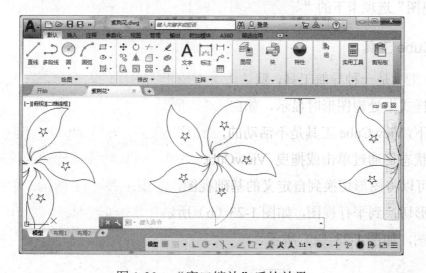

图 1-20　"窗口缩放"后的效果

（5）鼠标滚轮的平移与缩放功能

实际上，在 AutoCAD 绘图过程中最简便的图像平移与缩放方法是利用鼠标中间的滚轮来实现的，具体操作方法如下。

在绘图区中，向上滑动滚轮，会以光标所在位置为中心放大图形；向下滑动滚轮，会以光标所在位置为中心缩小图形，类似于实时缩放。双击滚轮，可将整个图形充满绘图区，等同于范围缩放。在绘图区中按下滚轮后，鼠标光标会变成小手的形状，如图 1-21（a）所示，此时拖曳鼠标，会平移绘图区中的图形。

　　说明：如果首先按 Shift 键，再按下滚轮，拖曳鼠标会旋转视图界面，如图 1-21（b）所示，在三维环境下进行三维模型的观察；如果首先按 Ctrl 键，再按下滚轮，拖曳鼠标会将当前图形进行动态平移，如图 1-21（c）所示。

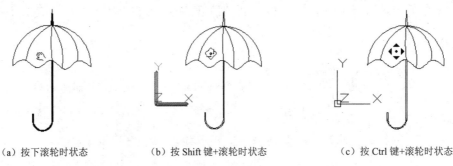

　　（a）按下滚轮时状态　　　　　　（b）按 Shift 键+滚轮时状态　　　　　（c）按 Ctrl 键+滚轮时状态

图 1-21　不同情况下按下滚轮时的状态

　　（6）其他缩放平移工具

除了前面介绍的缩放平移功能，还有如下三种调用缩放平移工具的方法。

　　① 命令行：在命令行中输入平移命令 PAN 或者缩放命令 ZOOM，然后按回车键确认。

　　② 右键快捷菜单：在图形区中，单击鼠标右键，在弹出的快捷菜单中选择"平移"或者"缩放"命令。

　　③ 在"视图"选项卡下的"导航"工具面板上，选择相关的"平移"或者"缩放"命令。

5．ViewCube 工具

ViewCube 工具是一种导航工具，默认情况下位于图形区的右上角，它可以在二维模型空间或三维视觉样式中处理图形时显示，如图 1-22 所示。

　　默认情况下，ViewCube 工具是不活动的，当把光标放置在 ViewCube 工具上后，ViewCube 工具变为活动状态，通过单击或拖曳 ViewCube 工具，可以切换或旋转当前视图。单击"主视图"按钮，可以将图形切换到自定义的基础视图，如图 1-23（a）所示；单击正方体的某个面，可以将图形切换到平行视图，如图 1-23（b）所示；单击正方体的某个角，可以将图形切换到等轴测视图，如图 1-23（c）所示。

　　　　　　　　　　　　　　　（a）主视图　　　　（b）平行视图　　　　（c）等轴测视图

图 1-22　ViewCube 工具　　　　　　　　图 1-23　用 ViewCube 工具查看图形

ViewCube 工具有如下三个主要的附加特征。

① 在 ViewCube 工具上按住左键并拖曳鼠标可以旋转当前模型，方便用户进行动态观察。

② ViewCube 工具提供了主视图按钮，以便快速返回用户自定义的基础视图。

③ 在平行视图中提供了旋转箭头，使用户能够以 90° 为增量，垂直屏幕旋转图形。

◎ 思考与练习

1. 简答题

（1）在 AutoCAD 2018 中，默认的空间模式有哪几种？适合老用户的界面是哪种？

（2）如何新建文件？

2. 操作题

（1）打开数字资料包中的文件 "\1\快速选择练习.dwg"，利用快捷菜单选择命令，选择文字颜色为绿色的半径标注，并对图形进行范围缩放、窗口缩放操作。

（2）打开数字资料包中的文件 "\1\视图观察练习.dwg"，利用 ViewCube 工具进行视图切换练习。

任务 2　绘图前的准备

📚 学习目标

- 学会绘图环境的设置
- 熟悉图层的概念并学会设置
- 掌握点的坐标输入方法
- 能够对绘图辅助工具进行设置
- 掌握 AutoCAD 中对象的选择方法

📊 学习内容

1. 设置绘图环境

AutoCAD 2018 安装后首次运行时，绘图区的背景、光标大小、靶框大小等配置都是系统默认配置，这些配置可能与用户的习惯或工作要求不符，为了创建更加方便和实用的操作界面，用户可以对这些常用配置进行设置。

（1）系统参数的配置

对于大部分绘图环境的设置，用户可通过"选项"对话框进行设置，如图 1-24 所示。

图 1-24　"选项"对话框

打开"选项"对话框的常用方法有以下三种。

① 在"应用程序"菜单中，单击"选项"按钮，如图 1-25（a）所示。

② 在绘图区或者命令行单击鼠标右键，在弹出的快捷菜单中选择"选项"命令，如图 1-25（b）所示。

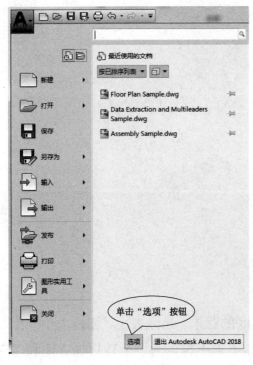

（a）单击"选项"按钮　　　　　　　　　　　　（b）选择"选项"命令

图 1-25　打开"选项"对话框的常用方法

③ 直接在命令行输入 OPTIONS 或者 OP，然后按回车键确认。

下面简单介绍"选项"对话框中几个常用的选项。

① 显示。

在"选项"对话框的"显示"选项卡下，可以对绘图环境的背景颜色、命令行字体、十字光标大小等进行设置，如图 1-24 所示。

② 绘图。

在"选项"对话框的"绘图"选项卡下，可以对自动捕捉、自动追踪等进行设置，如靶框的颜色、自动捕捉标记大小、靶框大小等，如图 1-26 所示。

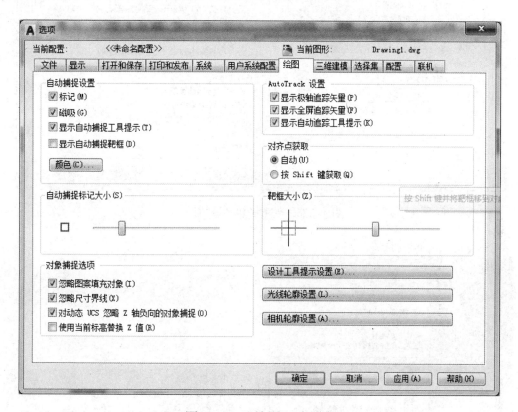

图 1-26　"绘图"选项卡

③ 选择集。

在"选项"对话框的"选择集"选项卡下，可以对拾取框的大小、夹点的尺寸、夹点的颜色等进行设置，如图 1-27 所示。

（2）设置绘图单位

在"应用程序"菜单中，单击"图形实用工具"下的"单位"选项，如图 1-28 所示，弹出"图形单位"对话框，如图 1-29 所示，在该对话框中，用户可以根据需要进行绘图单位和精度的设置。

① 长度类型。

AutoCAD 提供了 5 种长度单位类型可供选择，分别是"分数""工程""建筑""科学""小数"。通常都采用"小数"作为长度单位。在"长度"选项组的"精度"下拉列表中，可以选择长度单位的显示精度。

图 1-27　"选择集"选项卡

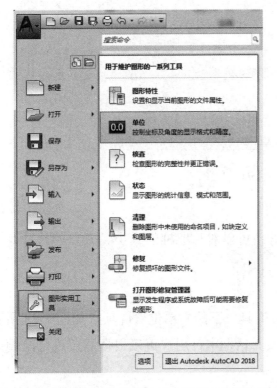

图 1-28　单击"图形实用工具"下的"单位"选项

图 1-29　"图形单位"对话框

② 角度类型。

AutoCAD 提供了 5 种角度单位类型可供选择，分别是"百分度""度/分/秒""弧度""勘测单位""十进制度数"。在"角度"选项组的"精度"下拉列表中，可以选择角度单位的显示精度，通常选择"0"。"顺时针"复选框指定角度查询的正方向，默认情况下，该复选框不被选中，即采用逆时针方向为正方向。

（3）设置绘图界限

在 AutoCAD 中进行设计和绘图的工作环境是无限大的，称为模型空间，在模型空间中进行设计，可以不受图纸大小的约束，采用 1:1 的比例进行设计。但实际绘图中，通常希望在标准图幅尺寸上进行绘图，因此就需要对绘图区域进行设置，即图形界限的设置。进行图形界限设置并打开图形界限边界检验功能后，一旦绘制的图形超出了绘图界限，系统就会自动发出提示。图形界限的设置方法如下。

在命令行输入 LIMITS 或 LIMI 并按回车键确认，命令行内容显示如下：

```
命令: limi
LIMITS
重新设置模型空间界限：
指定左下角点或 [开(ON)/关(OFF)] <0.0000,0.0000>: //默认原点是左下角点。
指定右上角点 <297.0000,210.0000>://输入297,210作为图形右上角点坐标，按回车键确认，右上角点根据
选择的图纸大小来设置，如A4图纸为（297,210）。由左下角点与右上角点所确定的矩形区域即为图形界限。
```

说明：在 AutoCAD 中，只有在绘图界限检查打开时，才限制将图形绘制到图形界限外，若关闭绘图界限检查，则绘制的图形将不受图形界限限制。

2. 图层创建与管理

用户在绘制较为复杂的图形时，可以用图层来组织和管理图形对象。在绘图过程中，将同类对象放置在一个图层，不仅能够使图形的各种信息清晰、有序、便于观察，而且也会给图形的编辑和输出带来很大的方便。

图层管理工具位于"默认"选项卡下的"图层"功能面板上，如图 1-30 所示。这里主要介绍常用的"图层特性管理器"。单击"图层特性"按钮，打开"图层特性管理器"窗口，如图 1-31 所示。

在 AutoCAD 中，默认的图层是"0"层，其颜色默认设置为黑/白色（背景为黑色，图层颜色就为白色，反之图层颜色为黑色）。"0"图层既不能删除，也不能重命名。

新建图层：单击"新建图层"按钮，即可建立新的图层。可在图层名称栏输入图层名称，若需修改已有图层的名称，只需选中需要修改的图层，然后在图层名称处单击即可。

删除图层：首先选中要删除的图层，然后单击 "删除图层"按钮，即可将选中的图层删除，但是"0"图层及当前图层是不能删除的。

置为当前图层：选中图层，单击"置为当前"按钮，即可将选中的图层设置为当前图层，当前图层的状态栏有 标志。

图层颜色设置：如果用户在使用图层时，需要修改图层的默认颜色，则可单击图层列表中某个图层的颜色，在弹出的"选择颜色"对话框中，选择所需颜色，如图 1-32 所示。确定图层颜色后，单击"确定"按钮，关闭"选择颜色"对话框。

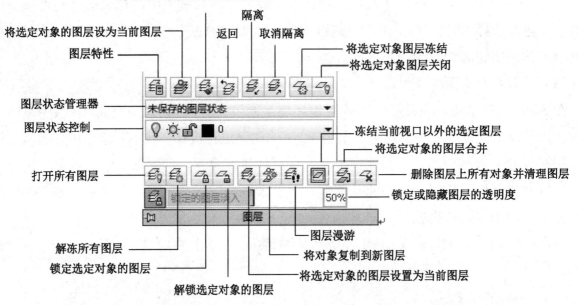

图 1-30 图层管理工具

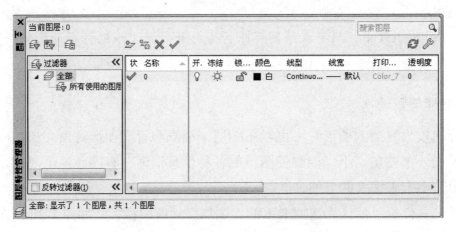

图 1-31 "图层特性管理器"窗口

图 1-32 "选择颜色"对话框

图层线型设置：AutoCAD 中默认线型是连续实线型（Continuous），若修改线型，可单击图层列表中某图层的线型，弹出"选择线型"对话框，如图 1-33 所示。在该对话框中单击"加载"按钮，弹出"加载或重载线型"对话框，如图 1-34 所示。选择所需线型后单击"确定"按钮，关闭"加载或重载线型"对话框。在"选择线型"对话框中，选中新加载的线型，单击"确定"按钮，关闭"选择线型"对话框，完成线型的设置。

图 1-33　"选择线型"对话框

图层线宽设置：若用户修改线宽，可单击图层列表中某图层的线宽，即可从弹出的"线宽"对话框中，选择所需线宽，如图 1-35 所示。注意：只有在状态栏中打开"显示线宽"图标 ，图形上才显示线宽，否则不显示。

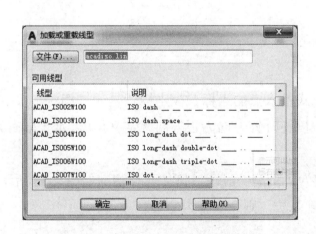

图 1-34　"加载或重载线型"对话框

图 1-35　"线宽"对话框

其他图层设置功能，这里不再进行详细介绍，感兴趣的读者可以自行学习。

3. 点的坐标输入

在 AutoCAD 2018 中，点的坐标输入通常有以下四种方法。

（1）绝对直角坐标输入法

该方法以坐标原点（0,0,0）为基点，来定位其他点的坐标。在绘制二维图形时，只需输

入 X、Y 的坐标（中间用英文、半角下的逗号隔开）即可，绘制三维图形时，X、Y、Z 的坐标均需输入。绝对直角坐标的表达方式为（X,Y）。例如，在绘制如图 1-36 所示直线时，若 A、B 两点的坐标采用绝对直角坐标输入法，则命令行内容显示如下：

```
命令: _line
指定第一个点: 1,1
指定下一点或 [放弃(U)]: 3,3
指定下一点或 [放弃(U)]:
```

（2）相对直角坐标输入法

在实际绘图中，没有必要固定一个原点，因为即便固定了原点，也不可能逐个计算其他点的坐标，所以绝对直角坐标并不常用。最常用的是相对直角坐标表示方法，它是相对于某一个点的实际位移。因此在开始绘图时，第一个点的位置往往并不重要，只需粗略估算即可，但是一旦第一个点的位置确定后，其他点的位置都要由相对于前一个点的位置来确定。相对直角坐标的表达方式为（@X,Y）。例如，在绘制如图 1-37 所示直线时，B 点的坐标若采用相对直角坐标输入法，则命令行内容显示如下：

```
命令: _line
指定第一个点: 1,1
指定下一点或 [放弃(U)]: @4,4
指定下一点或 [放弃(U)]:
```

图 1-36　绝对直角坐标　　　　　图 1-37　相对直角坐标

（3）绝对极坐标输入法

为了绘图方便，可以采用极坐标的形式输入点的坐标。极坐标就是通过相对于极点的距离和角度来定义点的坐标，在 AutoCAD 中以逆时针方向为正方向来定义角度，水平向右为 0° 方向。

绝对极坐标以原点为极点，表达方式为（距离<角度）。例如，在绘制如图 1-38 所示直线时，A、B 两点的坐标若采用绝对极坐标输入法，则命令行内容显示如下：

```
命令: _line
指定第一个点: 30<45
指定下一点或 [放弃(U)]: 30<-45
指定下一点或 [放弃(U)]:
```

同样道理，在实际绘图中，绝对极坐标输入法也很少采用，因为我们不可能计算每一个点到原点的距离。

（4）相对极坐标输入法

相对极坐标输入法以上一个点作为极点，通过相对的距离和角度来确定点的位置。相对极坐标的表达方式为（@距离<角度）。例如，在绘制如图 1-39 所示直线时，若 A、B 两点的

坐标采用相对极坐标输入法，则命令行内容显示如下：

```
命令：_line
指定第一个点：0<0
指定下一点或 [放弃(U)]：@30<45
指定下一点或 [放弃(U)]：@30<-90
指定下一点或 [闭合(C)/放弃(U)]：
```

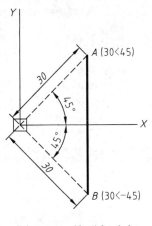

图 1-38　绝对极坐标

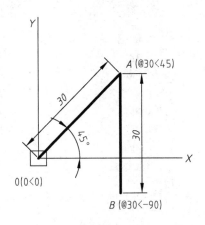

图 1-39　相对极坐标

4．绘图辅助工具

在 AutoCAD 中用来精确绘图的辅助工具位于状态栏上，如图 1-10 所示。下面重点介绍几个常用的辅助工具。

（1）对象捕捉

用户在绘图时，尽管用鼠标定位比较方便，但是精度不高，为了解决精确定位问题，AutoCAD 提供了对象捕捉工具。使用对象捕捉，可以精确定位现有图形对象的特征点，如直线的端点、中点，圆的圆心、切点等，如图 1-40 所示。打开对象捕捉工具有以下两种方法。

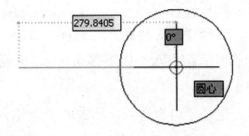

图 1-40　对象捕捉示例

① 单击绘图辅助工具中的"对象捕捉"按钮▢或按 F3 键。

② 在命令行输入点的位置。

使用对象捕捉功能前，有必要对其进行设置。设置方法是，在状态栏的"对象捕捉"按钮▢上，单击鼠标右键，在弹出的快捷菜单中进行设置或者选择"对象捕捉设置"选项，如图 1-41 所示。在弹出的"草图设置"对话框中选择"对象捕捉"选项卡，如图 1-42 所示。

在该选项卡中，有 14 种对象捕捉点和对应的捕捉标记，为了避免造成视图混乱，建议按照如图 1-42 所示方式进行设置。设置完成后，单击"确定"按钮，关闭对话框。

图 1-41　选择"对象捕捉设置"选项　　　　图 1-42　　"对象捕捉"选项卡

除上述设置的自动捕捉功能外，用户在绘图时，还可根据绘图需要，使用临时捕捉功能。临时捕捉是指在捕捉前，手动设置将要捕捉的特征点。方法是：在绘图区，按 Ctrl 键或 Shift 键的同时，单击鼠标右键，弹出如图 1-43 所示的对象捕捉工具菜单。需要说明的是，临时捕捉设置是一次性的。下面以图 1-44 为例分别介绍它们的用法。

如图 1-44（a）所示，正方形 ABCD 的边长为 20 mm，欲在正方形的中心点上，绘制一半径为 5 mm 的圆。则绘图方法如下。

① 执行圆命令。

② 确定圆心。有以下四种方法可以确定圆心。

● 打开对象捕捉工具菜单，选择"临时追踪点"选项，单击 AB 的中点，此时中点出现红色的临时追踪点标记"+"，从临时追踪点水平向下移动光标，出现垂直对齐路径，如图 1-44（b）所示，直接输入 10 并按回车键。

● 打开对象捕捉工具菜单，选择"自"选项，单击 D 点，输入（@10,10）并按回车键。

● 打开对象捕捉工具菜单，选择"两点之间的中点"选项，单击 D 点和 B 点。

● 打开对象捕捉工具菜单，选择"点过滤器"选项，单击 AB 和 CD 的中点。

③ 输入半径 5 mm 后按回车键完成全部操作，结果如图 1-44（c）所示。

总结："临时追踪点"和"自"都是临时指定一个参考点，然后再相对参考点偏移；"两点之间的中点"可以指定一条不存在的线上的中点；"点过滤器"可以自动定位一个点的 X、Y 坐标。

图 1-43 对象捕捉工具菜单

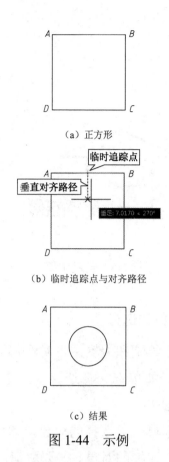

（a）正方形

（b）临时追踪点与对齐路径

（c）结果

图 1-44 示例

（2）自动追踪

制图时设置自动追踪能够显示出临时的辅助线，如图 1-45 所示，这些辅助线可以帮助用户在精确的角度或位置上创建图形对象。自动追踪包括极轴追踪和对象捕捉追踪两种模式。

① 极轴追踪。

极轴追踪是极坐标的一个应用，该功能可以使光标沿着指定的方向移动，从而找到需要的点。可通过以下两种方式打开极轴追踪。

● 单击绘图辅助工具中的"极轴追踪"按钮 。

● 快捷键：按 F10 键可切换"极轴追踪"的激活与关闭。

在使用极轴追踪功能时，可根据绘图需要在"草图设置"对话框的"极轴追踪"选项卡中进行相应的设置，如图 1-46 所示。

② 对象捕捉追踪。

对象捕捉追踪功能可以使光标从对象捕捉点开始，沿着和对象捕捉点水平、垂直对齐或者按照设置的极轴追踪角度对齐的路径进行追踪，并找到需要的精确位置。可通过以下两种方式打开对象捕捉追踪。

● 单击绘图辅助工具中的"对象捕捉追踪"按钮 。

● 快捷键：按 F11 键可切换"对象捕捉追踪"的激活与关闭。

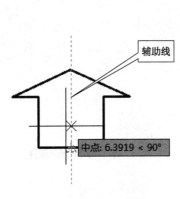

图 1-45　自动追踪　　　　　　　图 1-46　"极轴追踪"选项卡

5. 对象的选择

用户在绘制和编辑图形时经常需要选择对象，并对所选对象进行编辑操作。选择对象的方法很多，如单选、窗选、快速选择、栏选等，这里重点介绍常用的三种。

（1）单选

用鼠标单击要选择的对象，即可将其选择，多次单击可选择多个对象，该方法可用来选择图形中不连续的对象。若要取消已选择的对象，则只需在按 Shift 键的同时，再次单击要取消选择的对象即可。

（2）窗选

若选择多个对象时，可采用窗选的方式进行。窗选就是用鼠标在绘图区拉出一个矩形选择框，被矩形框选中的对象就被选择，如图 1-47（a）所示。

当矩形选择框从左向右拉出时，即从左向右窗选，矩形背景为浅蓝色，此时只有完全在矩形框内的对象才会被选中，如图 1-47（b）所示。

当矩形选择框从右向左拉出时，即从右向左窗选，矩形背景为浅绿色，此时与矩形框相交的对象和在矩形框内的对象会被全部选中，如图 1-47（c）所示。

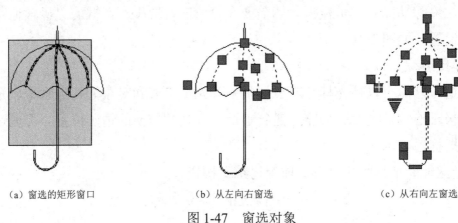

（a）窗选的矩形窗口　　　　（b）从左向右窗选　　　　（c）从右向左窗选

图 1-47　窗选对象

（3）快速选择

在 AutoCAD 中，用户还可以使用"快速选择"对话框来快速选择对象，系统根据所选对象的类型和特性建立过滤规则，满足过滤规则的对象会自动被选中。

在绘图区单击鼠标右键，在弹出的快捷菜单中选择"快速选择"命令，弹出"快速选择"对话框，在该对话框中可对图形的类型、特性等进行选择，并可对图形的特性进行布尔运算，如图 1-48（a）所示，选择效果如图 1-48（b）所示。

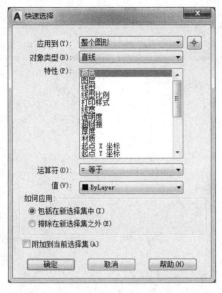

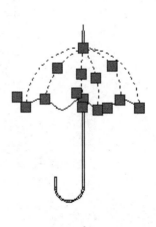

（a）"快速选择"对话框　　　　　　　　　　（b）选择结果

图 1-48　快速选择对象

◎思考与练习

1. 简答题

（1）如何设置绘图环境的图形单位？

（2）在 AutoCAD 2018 中，点的坐标输入通常有几种方法？

（3）如何设置图形界限？

（4）图形中哪一个图层不能被删除或重命名？

2. 操作题

新建一个 AutoCAD 文件，按照如图 1-49 所示的图层特性管理器，进行图层的创建与设置。

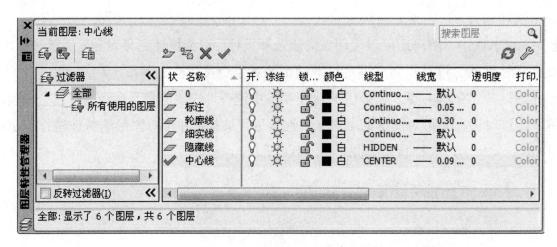

图 1-49　图层特性管理器

模块 2
二维图形的绘制与编辑

【学习目标】

- 学会利用直线命令绘制基本图形
- 学会利用正多边形命令绘制基本图形
- 学会利用曲线命令绘制基本图形
- 掌握点命令的使用方法
- 掌握区域命令的使用方法

在 AutoCAD 中，任何一个复杂的图形，都可以分解为直线、圆、圆弧、多边形等基本的二维图形，也就是说，每个复杂的图形都是由直线、圆、圆弧、多边形等一些基本图形元素拼接和组合而成的。只有熟练掌握这些基本图形元素的绘制方法和技巧，才能够更好地绘制复杂的图形。

 任务 1　五角星模型的绘制与编辑

任务展示

绘制与编辑如图 2-1 所示的五角星模型。

任务分析

在绘制该模型过程中会用到直线、多边形、删除等命令。下面就来学习在本模型绘制过程中用到的新知识。

图 2-1　五角星模型

- 掌握直线命令的使用方法
- 掌握正多边形命令的使用方法
- 掌握删除命令的使用方法

知识准备

1. 直线

利用直线命令可以从起点到终点绘制一条线段或者连续线段。可以采用以下两种方式执行直线命令。

- 直接在命令行输入 LINE 或者 L，并按回车键确认。
- 在"默认"选项卡下的"绘图"功能面板上，单击"直线"命令，如图 2-2 所示。

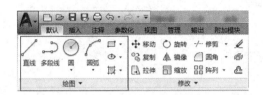

图 2-2　"绘图"功能面板

执行命令后，命令行内容显示如下：

```
命令：_line
指定第一个点：                    //单击定位第一个点。
指定下一点或 [放弃(U)]：          //单击定位第二个点绘制直线。
```

使用直线命令，练习绘制如图 2-3 所示的直线图形，绘制完成后，命令行内容显示如下：

```
命令：_line
指定第一个点： <正交 开>
指定下一点或 [放弃(U)]：50
指定下一点或 [放弃(U)]：50
指定下一点或 [闭合(C)/放弃(U)]：50
指定下一点或 [闭合(C)/放弃(U)]：c
```

说明： 常用退出命令的方法有单击鼠标右键在弹出的下拉菜单中选择"确认"命令或者任务完成后按回车键或 ESC 键，如果退出命令后再按回车键或 ESC 键则可以重复调用刚才使用的命令。

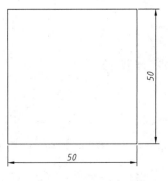

图 2-3　直线练习

2. 构造线 ✎

在 AutoCAD 中,构造线是指向两端无限延伸的直线,一般用作辅助线来布置图形的位置。执行一次构造线命令,能够绘制多条构造线。可以采用以下两种方式执行构造线命令。

● 直接在命令行输入 XLINE 或者 XL,并按回车键确认。

● 在"默认"选项卡下,展开"绘图"功能面板的下拉菜单,单击"构造线"命令 ✎。

执行命令后,命令行显示如下,根据命令行提示可以绘制不同的构造线。

```
命令:_xline
    指定点或 [水平(H)/垂直(V)/角度(A)/二等分(B)/偏移(O)]:   // 选项"水平(H)",表示绘制水平的构造
线;选项"垂直(V)",表示绘制垂直的构造线;选项"角度(A)",表示绘制与x轴成一定夹角的构造线;选项"二等分
(B)",表示绘制某一个夹角的平分线;选项"偏移(O)",表示绘制平行于某一条直线的构造线。
```

3. 射线 ✎

射线与构造线一样,也是用作辅助线的,二者的区别是,射线只能向一端无限延伸。执行一次射线命令,同样也能够绘制多条射线。可以采用以下两种方式执行射线命令。

● 直接在命令行输入 RAY,并按回车键确认。

● 在"默认"选项卡下,展开"绘图"功能面板的下拉菜单,单击 "射线"命令 ✎。

4. 正多边形 ⬠

利用正多边形命令可以按照指定方式绘制具有 3～1024 条边的正多边形。可以采用以下两种方式执行正多边形命令。

● 直接在命令行输入 POLYGON 或者 POL,并按回车键确认。

● 在"默认"选项卡下,单击"绘图"功能面板上的"正多边形"命令 ⬠。

执行正多边形命令后,根据命令行提示,可以采用边长(E)、内接于圆(I)、外切于圆(C)三种方式绘制正多边形,下面分别举例说明。

(1)采用边长方式绘制正多边形

下面以如图 2-4(a)所示图形为例,介绍采用边长绘制正多边形的方法。操作完成后,命令行显示如下:

```
命令:_polygon 输入侧面数 <5>:       // 输入正多边形的边数,并按回车键确认。
    指定正多边形的中心点或 [边(E)]: e        // 选择边长方式。
    指定边的第一个端点:指定边的第二个端点:10     // 指定边长。
```

(2)采用内接于圆方式绘制正多边形

下面以如图 2-4(b)所示图形为例,介绍内接于圆绘制正多边形的方法。操作完成后,命令行显示如下:

```
命令:_polygon 输入侧面数 <5>: 5
    指定正多边形的中心点或 [边(E)]:
    输入选项 [内接于圆(I)/外切于圆(C)] <C>: I        // 选择内接于圆方式。
    指定圆的半径: 10         // 指定内接圆的半径。
```

(3)采用外切于圆方式绘制正多边形

下面以如图 2-4(c)所示图形为例,介绍外切于圆绘制正多边形的方法。操作完成后,

命令行显示如下：

```
命令：_polygon 输入侧面数 <5>：5
指定正多边形的中心点或 [边(E)]：
输入选项 [内接于圆(I)/外切于圆(C)] <C>：C        // 选择外切于圆方式。
指定圆的半径：10        // 指定外切圆的半径。
```

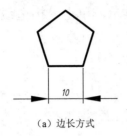

（a）边长方式

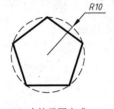

（b）内接于圆方式

（c）外切于圆方式

图 2-4　正多边形练习示例

5．删除

删除图形对象，除了利用键盘上的 Delete 键，AutoCAD 还提供了专门的删除命令。可以采用以下两种方式执行删除命令。

● 直接在命令行输入 ERASE 或者 E，并按回车键确认。

● 在"默认"选项卡下的"修改"功能面板上，单击"删除"命令 。

执行命令后，根据命令行提示，选择对象并按回车键确认，即可将需要删除的对象删除。

任务实施

① 绘制边长为 10 的正五边形，如图 2-5 所示。

② 利用直线工具连接正五边形的对角线，如图 2-6 所示。

③ 利用删除工具删除正五边形，结果如图 2-1 所示。

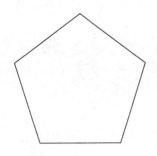

图 2-5　绘制正五边形

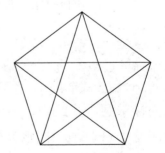

图 2-6　连接对角线

任务总结

本任务讲解了一个简单的五角星造型，用到的绘图命令也非常简单，但是万丈高楼平地起，希望读者能熟练掌握直线、多边形、删除这三个工具。

◎ **思考与练习**

1．填空题

（1）在执行命令过程中，可以随时按_____键终止命令。

（2）可以采用_____、_____、_____三种方式绘制正多边形。

（3）删除图形对象，可以利用键盘上的_____键。

2．选择题

（1）以下4个命令中，哪个是绘制直线命令（　　）。

  A．ZOOM   B．LINE

  C．XLINE   D．ERASE

（2）以下4个命令中，哪个是绘制多边形命令（　　）。

  A．ZOOM   B．POL

  C．XLINE   D．ERASE

3．操作题

绘制如图 2-7 所示的房屋模型。

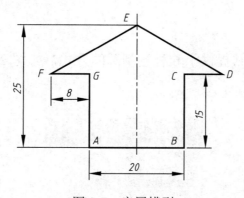

图 2-7　房屋模型

任务 2　花朵模型的绘制与编辑

 任务展示

绘制与编辑如图 2-8 所示的花朵模型。

图 2-8　花朵模型

任务分析

在绘制该模型过程中会用到圆、圆弧、多边形、多段线及编辑等命令。下面就来学习在本模型绘制过程中用到的新知识。

- 掌握圆命令的使用方法
- 掌握圆弧命令的使用方法
- 掌握多段线命令的使用方法
- 掌握多段线的编辑方法

知识准备

1. 圆

在 AutoCAD 2018 中，共提供了 6 种绘制圆的方式，如图 2-9 所示。可以采用以下两种方式执行圆命令。

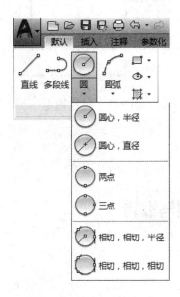

图 2-9　绘制圆的方式

● 直接在命令行输入 CIRCLE 或者 C，并按回车键确认。

● 在"默认"选项卡下的"绘图"功能面板上，单击"圆"命令 ⊙ 。

执行圆命令后，命令行会给出如下三种选项提示。

```
指定圆的圆心或 [三点(3P)/两点(2P)/切点、切点、半径(T)]:
```

如果不输入其他选项，则采用默认的圆心、半径方式绘制圆。除了采用命令行选择不同提示选项绘制圆，也可直接单击图 2-9 中所示的命令来绘制圆，下面分别举例说明。

（1）圆心、半径方式绘制圆 ⊙

执行该命令后，在屏幕上指定点作为圆心，然后输入半径，完成圆的绘制，如图 2-10（a）所示。操作完成后，命令行显示如下：

```
命令: _circle
指定圆的圆心或 [三点(3P)/两点(2P)/切点、切点、半径(T)]:
指定圆的半径或 [直径(D)]: 10
```

（2）圆心、直径方式绘制圆 ⊘

执行该命令后，在屏幕上指定点作为圆心，然后输入直径，完成圆的绘制，如图 2-10（b）所示。操作完成后，命令行显示如下：

```
命令: _circle
指定圆的圆心或 [三点(3P)/两点(2P)/切点、切点、半径(T)]:
指定圆的半径或 [直径(D)]: _d 指定圆的直径: 20
```

（3）两点方式绘制圆 ◯

执行该命令后，在屏幕上指定两个点作为圆直径的两个端点，完成圆的绘制，如图 2-10（c）所示。操作完成后，命令行显示如下：

```
命令: _circle
指定圆的圆心或 [三点(3P)/两点(2P)/切点、切点、半径(T)]: _2p 指定圆直径的第一个端点:
指定圆直径的第二个端点: 20
```

（4）三点方式绘制圆 ◯

执行该命令后，分别捕捉三角形的三个顶点作为圆周上的三个点，完成圆的绘制，如图 2-10（d）所示。操作完成后，命令行显示如下：

```
命令: _circle
指定圆的圆心或 [三点(3P)/两点(2P)/切点、切点、半径(T)]: _3p 指定圆上的第一个点:
指定圆上的第二个点:
指定圆上的第三个点:
```

（5）相切、相切、半径方式绘制圆 ⊘

执行该命令后，分别在三角形的两个直角边上选择两个点，作为切点，然后输入半径，完成圆的绘制，如图 2-10（e）所示。操作完成后，命令行显示如下：

```
命令: _circle
指定圆的圆心或 [三点(3P)/两点(2P)/切点、切点、半径(T)]: _ttr
指定对象与圆的第一个切点:      //选择与圆相切的直线即可自动定位切点。
指定对象与圆的第二个切点:
指定圆的半径 <4.0000>: 4
```

（6）相切、相切、相切方式绘制圆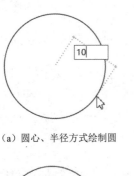

执行该命令后，分别在三角形的三条边上选择三个点作为切点，创建相切于三个对象的圆，如图 2-10（f）所示。操作完成后，命令行显示如下：

```
命令：_circle
指定圆的圆心或 [三点(3P)/两点(2P)/切点、切点、半径(T)]：_3p 指定圆上的第一个点：_tan 到
指定圆上的第二个点：_tan 到
指定圆上的第三个点：_tan 到
```

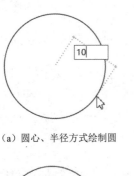

（a）圆心、半径方式绘制圆　　　　（b）圆心、直径方式绘制圆　　　　（c）两点方式绘制圆

（d）三点方式绘制圆　　　　（e）相切、相切、半径方式绘制圆　　　（f）相切、相切、相切方式绘制圆

图 2-10　绘制圆的多种方式

2．圆弧

AutoCAD 2018 中提供了 11 种绘制圆弧的方式，如图 2-11 所示，系统默认的圆弧绘制方式是三点绘制方式。可以采用以下两种方式执行圆弧命令。

● 直接在命令行输入 ARC，并按回车键确认。

● 在"默认"选项卡下的"绘图"功能面板上，单击"圆弧"命令，采用系统默认方式绘制；单击下拉箭头，可以选择其他绘制圆弧方式。

执行命令后，命令行给出如下选项提示：

```
命令：arc
指定圆弧的起点或 [圆心(C)]：      // 如不输入其他选项，则默认采用三点绘制方式绘制圆弧。
```

这里举例介绍几种常用的圆弧绘制方式。

（1）三点方式绘制圆弧，该方式是默认的圆弧绘制方式，如图 2-12（a）所示。操作完成后，命令行显示如下：

```
命令：_arc
指定圆弧的起点或 [圆心(C)]：          // 捕捉A点。
指定圆弧的第二个点或 [圆心(C)/端点(E)]：      // 捕捉B点。
指定圆弧的端点：    // 捕捉C点。
```

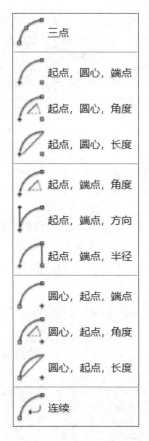

图 2-11　绘制圆弧的方式

（2）起点、圆心、端点方式绘制圆弧 　，如图 2-12（b）所示。操作完成后，命令行显示如下：

```
命令：_arc
指定圆弧的起点或 [圆心(C)]：　　// 捕捉A点。
指定圆弧的第二个点或 [圆心(C)/端点(E)]：_c 指定圆弧的圆心：　　// 捕捉B点。
指定圆弧的端点或 [角度(A)/弦长(L)]：　　// 捕捉C点。
```

（3）起点、圆心、角度方式绘制圆弧 　，如图 2-12（c）所示。操作完成后，命令行显示如下：

```
命令：_arc
指定圆弧的起点或 [圆心(C)]：　　// 捕捉A点。
指定圆弧的第二个点或 [圆心(C)/端点(E)]：_c 指定圆弧的圆心：　　// 捕捉B点。
指定圆弧的端点或 [角度(A)/弦长(L)]：_a 指定包含角：60　　// 指定角度。
```

（4）起点、圆心、长度方式绘制圆弧 　，如图 2-12（d）所示。操作完成后，命令行显示如下：

```
命令：_arc
指定圆弧的起点或 [圆心(C)]：　　// 捕捉A点。
指定圆弧的第二个点或 [圆心(C)/端点(E)]：_c 指定圆弧的圆心：　　// 捕捉B点。
指定圆弧的端点或 [角度(A)/弦长(L)]：_l 指定弦长：15　　// 指定弦长。
```

（5）起点、端点、角度方式绘制圆弧 　，如图 2-12（e）所示。操作完成后，命令行显示如下：

```
命令：_arc
```

指定圆弧的起点或 [圆心(C)]:　　　// 捕捉A点。

指定圆弧的第二个点或 [圆心(C)/端点(E)]: _e　　// 捕捉C点。

指定圆弧的端点:

指定圆弧的圆心或 [角度(A)/方向(D)/半径(R)]: _a 指定包含角: 60　// 指定包含角。

（6）起点、端点、方向方式绘制圆弧 ，如图 2-12（f）所示。操作完成后，命令行显示如下：

命令: _arc

指定圆弧的起点或 [圆心(C)]:　　　// 捕捉A点。

指定圆弧的第二个点或 [圆心(C)/端点(E)]: _e　　　// 捕捉B点。

指定圆弧的端点:

指定圆弧的圆心或 [角度(A)/方向(D)/半径(R)]: _d 指定圆弧的起点切向（按住Ctrl键以切换方向）:　//
指定方向。

（7）起点、端点、半径方式绘制圆弧 ，如图 2-12（g）所示。操作完成后，命令行显示如下：

命令: _arc

指定圆弧的起点或 [圆心(C)]:　　　// 捕捉A点。

指定圆弧的第二个点或 [圆心(C)/端点(E)]: _e　// 捕捉B点。

指定圆弧的端点:

指定圆弧的圆心或 [角度(A)/方向(D)/半径(R)]: _r 指定圆弧的半径: 12　// 指定半径。

命令: _arc　　// 重复命令。

指定圆弧的起点或 [圆心(C)]:　　　// 捕捉C点。

指定圆弧的第二个点或 [圆心(C)/端点(E)]: _e　　// 捕捉D点。

指定圆弧的端点:

指定圆弧的圆心或 [角度(A)/方向(D)/半径(R)]: _r 指定圆弧的半径: -12　//指定半径。

说明： 在输入半径时，若输入的半径值为正，则绘制的圆弧为劣弧；若输入的半径值为负，则绘制的圆弧为优弧。

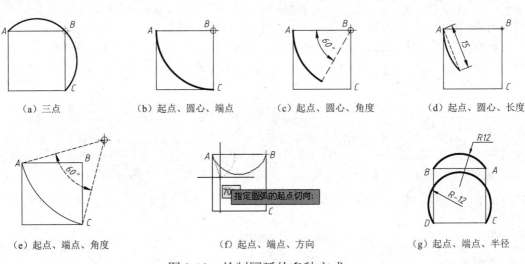

（a）三点　　　　（b）起点、圆心、端点　　　　（c）起点、圆心、角度　　　　（d）起点、圆心、长度

（e）起点、端点、角度　　　　（f）起点、端点、方向　　　　（g）起点、端点、半径

图 2-12　绘制圆弧的多种方式

3. 圆环 ◎

利用圆环命令可以绘制圆环和实心圆，如图 2-13 所示。可以采用以下两种方式执行圆环命令。

图 2-13 圆环和实心圆

- 直接在命令行输入 DONUT，并按回车键确认。

- 展开"默认"选项卡下的"绘图"功能面板，单击"圆环"命令◎。

下面以如图 2-13 所示图形为例，介绍圆环与实心圆绘制的方法。操作完成后，命令行显示如下：

```
命令：_donut
指定圆环的内径 <8.0000>: 8          // 设置内径为8。
指定圆环的外径 <10.0000>: 10        // 设置外径为10。
指定圆环的中心点或 <退出>:          // 指定中心点后单击鼠标右键退出。
命令：
DONUT                    // 重复命令绘制实心圆。
指定圆环的内径 <8.0000>: 0          // 设置内径为0。
指定圆环的外径 <10.0000>: 10        // 设置外径为10。
指定圆环的中心点或 <退出>:          // 指定中心点后单击鼠标右键退出。
```

4. 多段线 ⌐⌐

多段线也称复合线，可以由直线、圆弧组合而成。使用多段线命令绘制的直线或者曲线属于一个整体。单击时，会选择整个图形，不能分别编辑，如图 2-14 所示。

（a）直线选择　　　　　　　　　　　　（b）多段线选择

图 2-14 直线和多段线的选择

可以采用以下两种方式执行多段线命令。

- 直接在命令行输入 PLINE 或者 PL，并按回车键确认。

- 在"默认"选项卡下的"绘图"功能面板上，单击"多段线"命令 ⌐⌐。

执行多段线命令后，命令行显示如下：

```
命令：_pline
指定起点：
当前线宽为 0.0000     // 线宽默认值。
指定下一个点或 [圆弧(A)/半宽(H)/长度(L)/放弃(U)/宽度(W)]: // 选项"圆弧(A)"，表示使多段线命
令转入画圆弧的方式；选项"半宽(H)"，表示按照线宽的一半来指定当前线宽；选项"长度(L)"，表示在与前一段
直线或者圆弧的端点相切方向上，绘制指定长度的直线；选项"宽度(W)"，表示指定多段线一段的起始点宽度和终止点
宽度，这一段的中间部分宽度线性渐变。
```

当选择"圆弧（A）"选项时，命令行提示如下：

> 指定圆弧的端点或　　　// 默认前一线段的终点为圆弧的起点。
>
> [角度(A)/圆心(CE)/闭合(CL)/方向(D)/半宽(H)/直线(L)/半径(R)/第二个点(S)/放弃(U)/宽度(W)]:
> // 选项"角度（A）"，表示输入圆弧的包含角；选项"圆心（CE）"，表示指定所画圆弧的圆心；选项"闭合（CL）"，
> 表示封闭多段线；选项"方向（D）"，表示指定所画圆弧起点的切线方向；选项"直线（L）"，表示返回直线模式；选
> 项"半径（R）"，表示指定所画圆弧的半径；选项"第二个点（S）"，表示指定按照三点方式画圆弧的第二个点。

下面以如图 2-15 所示的拱形门为例，介绍多段线命令。操作完成后，命令行显示如下：

> 命令: _pline
> 指定起点:
> 当前线宽为 0.0000
> 指定下一个点或 [圆弧(A)/半宽(H)/长度(L)/放弃(U)/宽度(W)]: 50
> 指定下一点或 [圆弧(A)/闭合(C)/半宽(H)/长度(L)/放弃(U)/宽度(W)]: w　//线宽选项。
> 指定起点宽度 <0.0000>:
> 指定端点宽度 <0.0000>: 5　　　　　// 设定线宽为5。
> 指定下一点或 [圆弧(A)/闭合(C)/半宽(H)/长度(L)/放弃(U)/宽度(W)]: a　//圆弧选项。
> 指定圆弧的端点（按住Ctrl键以切换方向）或
> [角度(A)/圆心(CE)/闭合(CL)/方向(D)/半宽(H)/直线(L)/半径(R)/第二个点(S)/放弃(U)/宽度(W)]:
> 50　// 设定圆弧的直径为50。
> 指定圆弧的端点（按住Ctrl键以切换方向）或
> [角度(A)/圆心(CE)/闭合(CL)/方向(D)/半宽(H)/直线(L)/半径(R)/第二个点(S)/放弃(U)/宽度(W)]: w
> // 线宽选项。
> 指定起点宽度 <5.0000>:
> 指定端点宽度 <5.0000>: 10
> 指定圆弧的端点（按住Ctrl键以切换方向）或
> [角度(A)/圆心(CE)/闭合(CL)/方向(D)/半宽(H)/直线(L)/半径(R)/第二个点(S)/放弃(U)/宽度(W)]: l
> // 直线选项。
> 指定下一点或 [圆弧(A)/闭合(C)/半宽(H)/长度(L)/放弃(U)/宽度(W)]: 50
> 指定下一点或 [圆弧(A)/闭合(C)/半宽(H)/长度(L)/放弃(U)/宽度(W)]:

图 2-15　拱形门

5. 编辑多段线

利用多段线命令所画的图形如果不满足要求可以利用编辑多段线命令加以编辑。可以采
用以下两种方式执行编辑多段线命令。

- 直接在命令行输入 PEDIT，并按回车键确认。
- 在"默认"选项卡下，展开"修改"功能面板的下拉菜单，单击"编辑多段线"命令 ✐ 。

下面以如图2-16所示的拱门为例，学习多段线的编辑方法。

图2-16　拱门

操作完成后，命令行显示如下：

```
命令: _pedit
选择多段线或 [多条(M)]:
输入选项 [闭合(C)/合并(J)/宽度(W)/编辑顶点(E)/拟合(F)/样条曲线(S)/非曲线化(D)/线型生成(L)/反
转(R)/放弃(U)]: c
输入选项 [打开(O)/合并(J)/宽度(W)/编辑顶点(E)/拟合(F)/样条曲线(S)/非曲线化(D)/线型生成(L)/反
转(R)/放弃(U)]: w
指定所有线段的新宽度: 2
```

其中输入选项的各参数的功能用途分别说明如下：

闭合（C）或打开（O）：如果选择的多段线没有闭合，可以输入"C"，将多段线闭合；如果选择的多段线已经闭合，则"闭合（C）"会被"打开（O）"所取代，输入"O"会将闭合的多段线打开。

合并（J）：将直线、圆弧或是其他多段线的端点和非闭合的多段线端点相连。

宽度（W）：针对宽度不同的多段线，可以利用这个设置让整条多段线变成相同宽度。

编辑顶点（E）：进入编辑顶点模式后，再输入"宽度（W）"参数，就可以设置该段多段线的起点宽度和端点宽度。

拟合（F）：编辑原有的多段线成为一条平滑的曲线，而且使得该曲线通过原有多段线的每一个顶点。系统的处理方式是，每两个顶点之间以一个圆弧取代。

样条曲线（S）：将一条多段线，以每个顶点当作控制点，创建一条线型近似样条曲线的曲线，这条曲线会通过多段线的起点和端点。至于中间的单独的点，样条曲线会尽量接近它们，但是不一定要通过。

非曲线化（D）：将已经拟合或转变为样条曲线的多段线，还原成原来的形状。

线型生成（L）：多段线线型若是点和虚线混合的线型，当"线型生成（L）"打开时，则多段线中每一段的起点和端点，都会以线型的点标示；若关闭，则各段顶点以虚线画出。

反转（R）：反转多线段顶点的顺序。

放弃（U）：取消最近一次的多段线编辑。

提示：利用 AutoCAD 所提供的绘图命令所画的矩形、多边形都属于多段线，都可以利用编辑多段线命令加以编辑。

6. 特性

对象的特性控制着对象的外观和行为，每个图形对象都有常规特性和类型所特有的特性。特性的设置可以在如图 2-17 所示的特性选项板中进行。可以采用以下两种方式调用特性选项板。

● 直接在命令行输入 PROPERTIES，并按回车键确认。

● 选中一个图形后单击鼠标右键，在弹出的快捷菜单中选择"特性（S）"选项，如图 2-18 所示。

图 2-17　特性选项板

图 2-18　右键快捷菜单

其中常规特性主要包括图形对象所在的图层、颜色、线型、线型比例、线宽和透明度等，设置时根据需要修改相应参数即可。

 **任务实施**

① 绘制花蕊，如图 2-19 所示。

② 绘制五边形，如图 2-20 所示。

③ 绘制花朵。利用圆弧工具的三点方式捕捉五边形相邻边的中点和顶点绘制一段圆弧，

完成花瓣绘制，如图 2-21 所示。用同样方法绘制剩余四段圆弧，完成花朵绘制，如图 2-22 所示。绘制完成后将五边形删除。

④ 绘制枝叶。利用多段线工具的三点绘制圆弧的方法绘制宽度为 4 的一段圆弧作为枝，如图 2-23 所示，接着再用同样的方法利用多段线工具绘制起始宽度为 12、端点宽度为 3 的三段圆弧作为叶，如图 2-24 所示。

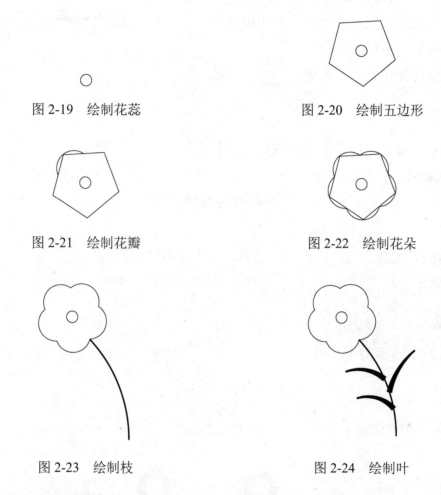

图 2-19　绘制花蕊　　　　　　　　　　图 2-20　绘制五边形

图 2-21　绘制花瓣　　　　　　　　　　图 2-22　绘制花朵

图 2-23　绘制枝　　　　　　　　　　　图 2-24　绘制叶

⑤ 调整颜色。利用特性选项板修改枝叶的颜色为绿色，花朵的颜色为红色，花蕊的颜色为洋红色，结果如图 2-8 所示。

任务总结

本任务讲解了一个简单的花朵造型，用到了常用绘图工具中的多段线。多段线的使用非常灵活，可以绘制带有一定宽度的复杂的图形。特性工具包含了当前对象的各种特性参数，可以灵活修改，并且特性工具对任何对象都适用。

本任务在绘制时一定要先绘制中心的圆，因为五边形的外接圆与此圆同心，可以通过捕捉获得五边形的外接圆圆心的位置。如果先画五边形再画圆，会发现无法捕捉五边形外接圆的圆心，所以绘图时必须注意绘制的先后顺序。

◎ **思考与练习**

1．填空题

（1）系统默认的圆弧绘制方式是_____方式。

（2）如果选择的多段线没有闭合，可以输入_____命令将多段线闭合。

（3）利用圆环命令可以绘制_____和_____。

（4）对象的特性控制着对象的_____和_____。

2．选择题

（1）以下 4 个命令中，绘制多段线命令的是（　　）。

  A．ZOOM B．LINE   C．PLINE   D．ERASE

（2）圆命令中的（　　）子命令可以通过指定的值为半径，绘制一个与两个对象相切的圆。

  A．圆心、半径   B．相切、相切、相切

  C．三点   D．相切、相切、半径

3．操作题

绘制如图 2-25 所示的小车模型。

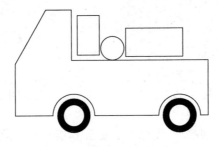

图 2-25 小车模型

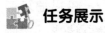

任务 3　盥洗盆模型的绘制与编辑

任务展示

绘制与编辑如图 2-26 所示的盥洗盆模型。

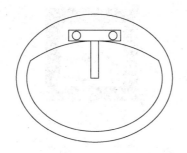

图 2-26　盥洗盆模型

任务分析

在绘制该模型过程中会用到矩形、椭圆、椭圆弧、圆和圆弧等命令。下面就来学习在本模型绘制过程中用到的新知识。

● 掌握矩形命令的使用方法

● 掌握椭圆命令的使用方法

● 掌握椭圆弧命令的使用方法

知识准备

1. 矩形 ▱

在 AutoCAD 2018 中，矩形命令除了能够绘制普通矩形，如图 2-27（a）所示，还可以为矩形设置倒角、圆角、宽度及厚度等参数。可以采用以下两种方式执行矩形命令。

● 直接在命令行输入 RECTANG 或者 REC，并按回车键确认。

● 在"默认"选项卡下的"绘图"功能面板上，单击"矩形"命令 ▱ 。

执行命令后，命令行给出如下选项提示：

命令：_rectang
　　指定第一个角点或 [倒角(C)/标高(E)/圆角(F)/厚度(T)/宽度(W)]：　　// 选项"倒角（C）"，表示绘制一个带倒角的矩形，如图2-27（b）所示；选项"标高（E）"，表示绘制矩形的平面偏移XY平面的高度，该选项一般用于三维绘图；选项"圆角（F）"，表示绘制一个带圆角的矩形，如图2-27（c）所示；选项"厚度（T）"，表示设置矩形的厚度，一般用于三维绘图，如图2-27（d）所示；选项"宽度（W）"，表示矩形每条边的宽度，如图2-27（e）所示。
　　指定另一个角点或 [面积(A)/尺寸(D)/旋转(R)]：　　// 选项"面积（A）"，表示绘制一个指定面积的矩形；选项"尺寸（D）"，表示绘制一个固定长度和宽度的矩形；选项"旋转（R）"，表示绘制一个矩形的某条边和x轴成一定角度的矩形，如图2-27（f）所示。

（a）普通矩形　　　　　　　　（b）倒角矩形　　　　　　　　（c）圆角矩形

图 2-27　绘制多类型矩形

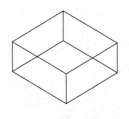

（d）有厚度的矩形

（e）有宽度的矩形

（f）与 X 轴成一定角度的矩形

图 2-27　绘制多类型矩形（续）

2. 椭圆 圆心

在机械制图中，椭圆或椭圆弧一般用来绘制轴测图。在 AutoCAD 2018 中，绘制椭圆有三种方法，分别是指定中心点、指定端点及指定椭圆弧。系统默认的是指定中心点方式。可以采用以下两种方式执行椭圆命令。

● 直接在命令行输入 ELLIPSE 或者 EL，并按回车键确认。

● 在"默认"选项卡下的"绘图"功能面板上，单击"圆心"命令 圆心。

（1）中心点方式绘制椭圆 圆心

下面以如图 2-28（a）所示图形为例，介绍中心点方式绘制椭圆的方法，操作完成后，命令行显示如下：

```
命令: _ellipse           // 执行椭圆命令。
指定椭圆的轴端点或 [圆弧(A)/中心点(C)]: _c        // 选择中心点，若选择"圆弧(A)"选项，表示绘制
椭圆弧。
指定椭圆的中心点:
指定轴的端点: 12         // 指定长半轴长度。
指定另一条半轴长度或 [旋转(R)]: 8          // 指定短半轴长度，若选择"旋转(R)"选项，表示通过
旋转指定的长半轴来绘制椭圆，长半轴旋转后在X轴上的投影即为短半轴长度，因此若输入角度0，则绘制圆；若输入90，
则不能绘制椭圆。
```

（2）轴、端点方式绘制椭圆 轴 端点

下面以如图 2-28（b）所示图形为例，介绍轴、端点方式绘制椭圆的方法。操作完成后，命令行显示如下：

```
命令: _ellipse
指定椭圆的轴端点或 [圆弧(A)/中心点(C)]:        // 选择长轴端点。
指定轴的另一个端点: 20        // 指定长轴长度。
指定另一条半轴长度或 [旋转(R)]: 6          // 指定短半轴长度。
```

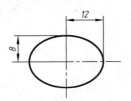

（a）中心点方式绘制椭圆

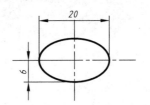

（b）轴、端点方式绘制椭圆

图 2-28　绘制椭圆练习示例

3. 椭圆弧 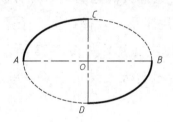 椭圆弧

椭圆弧是椭圆的一部分，和椭圆不同的是其起点和终点没有闭合，椭圆弧的绘制方式主要有以下两种。

（1）起点角度、端点角度方式绘制椭圆弧

此方法绘制椭圆弧，有中心点方式和轴、端点方式两种，下面以如图 2-29 所示图形为例介绍。操作完成后，命令行显示如下：

```
命令：_ellipse
指定椭圆的轴端点或 [圆弧(A)/中心点(C)]：_a        // 执行椭圆弧命令。
指定椭圆弧的轴端点或 [中心点(C)]：c               // 选择中心点绘制椭圆弧方式。
指定椭圆弧的中心点：              // 捕捉中心点O。
指定轴的端点：              // 捕捉端点B，即指定长半轴长度。
指定另一条半轴长度或 [旋转(R)]：// 捕捉端点C，即指定短半轴长度。
指定起点角度或 [参数(P)]：90     // 输入起点角度，选项"参数(P)"，表示用参数化矢量方程式来定义椭
圆弧的端点角度，本教材不做介绍。
指定端点角度或 [参数(P)/包含角度(I)]：180     // 输入终点角度，即完成CA椭圆弧绘制。
命令：_ellipse
指定椭圆的轴端点或 [圆弧(A)/中心点(C)]：_a       // 重复执行椭圆弧命令。
指定椭圆弧的轴端点或 [中心点(C)]：               // 捕捉长轴端点即A点。
指定轴的另一个端点：               // 捕捉端点B，即指定长轴长度。
指定另一条半轴长度或 [旋转(R)]：               // 捕捉端点C，即指定短半轴长度。
指定起点角度或 [参数(P)]：90                // 输入起点角度。
指定端点角度或 [参数(P)/包含角度(I)]：180       // 输入终点角度，即完成DB椭圆弧绘制。
```

图 2-29　起点角度、端点角度方式绘制椭圆弧

说明： 上面两段椭圆弧的绘制，其起点角度的起点是不同的。CA 段椭圆弧的起点角度以 B 点为起点，逆时针绘制椭圆弧；DB 段椭圆弧的起点角度以 A 点为起点，逆时针绘制椭圆弧。

（2）起点角度、包含角方式绘制椭圆弧

下面以如图 2-30 所示图形为例介绍起点角度、包含角方式绘制椭圆弧的方法，操作完成后，命令行显示如下：

```
命令：_ellipse
指定椭圆的轴端点或 [圆弧(A)/中心点(C)]：_a // 执行椭圆弧命令。
指定椭圆弧的轴端点或 [中心点(C)]：c // 选择中心点方式。
指定椭圆弧的中心点：// 捕捉中心点O。
指定轴的端点：// 捕捉长轴端点A。
指定另一条半轴长度或 [旋转(R)]：// 捕捉短轴端点C。
指定起点角度或 [参数(P)]：60
指定端点角度或 [参数(P)/夹角(I)]：i // 选择夹角方式。
```

指定圆弧的夹角 <180>：150

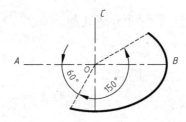

图 2-30　起点角度、包含角度方式绘制椭圆弧

✅ 任务实施

① 绘制椭圆。以中心点方式绘制椭圆，椭圆的长轴 150、短轴 120，如图 2-31 所示。

② 绘制椭圆弧。以中心点方式绘制椭圆弧，椭圆弧的中心点即椭圆的中心点，椭圆弧的长轴 130、短轴 100，椭圆弧的起点角度 165°、端点角度 15°，如图 2-32 所示。

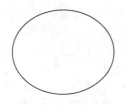

图 2-31　绘制椭圆

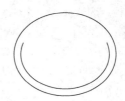

图 2-32　绘制椭圆弧

③ 绘制矩形。首先利用矩形工具捕捉椭圆的中心点并向左偏移 7.5 指定矩形的左下角点，绘制宽 15 高 70 的矩形，然后再利用矩形工具捕捉上一个矩形上边的中点并向左偏移 50 指定矩形的左下角点，绘制宽 100 高 20 的矩形，如图 2-33 所示。

④ 绘制圆。利用圆工具捕捉水平矩形左边的中点，并分别向右偏移 15 和 85 绘制两个半径为 8 的圆，如图 2-34 所示。

图 2-33　绘制矩形

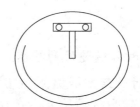

图 2-34　绘制圆

⑤ 绘制圆弧。利用三点绘制圆弧方式捕捉椭圆弧的两个端点和矩形水平边的中点绘制圆弧，结果如图 2-26 所示。

🧰 任务总结

本任务讲解了一个简单的盥洗盆模型，用到的绘图工具不难，但是本任务中对绘图的尺寸和定位要求很高，用到了捕捉工具，请读者注意体会。

◎ **思考与练习**

1. 填空题

（1）矩形命令除了能够绘制普通矩形，还可以为矩形设置_____、_____、_____及_____等参数。

（2）在 AutoCAD 2018 中，绘制椭圆有三种方法，分别是_____、_____及_____。

（3）绘制椭圆弧的方式有_____和_____两种。

2. 选择题

（1）以下 4 个命令中，属于绘制矩形命令的是（　　）。

A. TRIM
B. RECTANG
C. PLINE
D. ERASE

（2）以下 4 个命令中，属于绘制椭圆命令的是（　　）。

A. PROPERTIES
B. TRIM
C. ARC
D. ELLIPSE

3. 操作题

绘制如图 2-35 所示的卡通模型。

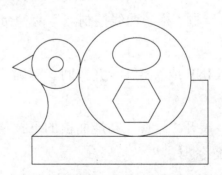

图 2-35　卡通模型

任务 4　雨伞模型的绘制与编辑

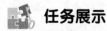 **任务展示**

绘制与编辑如图 2-36 所示的雨伞模型。

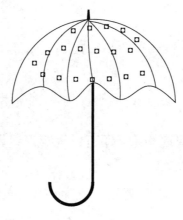

图 2-36　雨伞模型

任务分析

在绘制该模型过程中会用到样条曲线、拉伸、圆弧、多段线和点等命令。下面就来学习在本模型绘制过程中用到的新知识。

- 掌握样条曲线命令的使用方法
- 掌握拉伸命令的使用方法
- 掌握点命令的使用方法

知识准备

1. 样条曲线

样条曲线是通过拟合空间中一系列的点得到的光滑曲线。在 AutoCAD 2018 的绘图工具面板上提供了"样条曲线拟合"与"样条曲线控制点"两种命令。可以采用以下两种方式执行样条曲线命令。

- 直接在命令行输入 SPLINE 或者 SPL，并按回车键确认，根据命令行提示选择不同的类型。
- 在"默认"选项卡下，展开"绘图"功能面板的下拉菜单，单击"样条曲线拟合"命令　或"样条曲线控制点"命令　。

执行样条曲线命令后，可根据命令行提示，创建拟合点样条曲线或者控制点样条曲线，如图 2-37 所示。下面以如图 2-37（a）所示图形为例，介绍样条曲线的绘制方法。

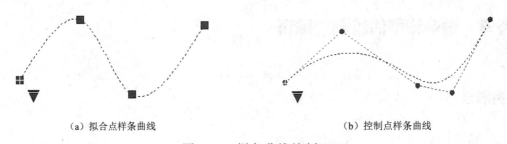

（a）拟合点样条曲线　　　　　　　　　　　（b）控制点样条曲线

图 2-37　样条曲线绘制

操作完成后，命令行显示如下：

```
命令：_SPLINE
当前设置：方式=拟合    节点=弦
指定第一个点或 [方式(M)/节点(K)/对象(O)]：_M
输入样条曲线创建方式 [拟合(F)/控制点(CV)] <拟合>：_FIT    //执行拟合样条曲线命令。
当前设置：方式=拟合    节点=弦              // 样条曲线当前设置。
指定第一个点或 [方式(M)/节点(K)/对象(O)]：      // 指定第一个点。
输入下一个点或 [起点切向(T)/公差(L)]：           // 指定第二个点。
输入下一个点或 [端点相切(T)/公差(L)/放弃(U)]：   // 指定第三个点。
输入下一个点或 [端点相切(T)/公差(L)/放弃(U)/闭合(C)]：    // 指定第四个点。
输入下一个点或 [端点相切(T)/公差(L)/放弃(U)/闭合(C)]：    // 按回车键结束命令。
```

2. 编辑样条曲线 ✍

样条曲线绘制完成后，往往也不能满足实际要求，此时可以用样条曲线编辑功能对其进行编辑。样条曲线的编辑方法有如下两种。

（1）选择样条曲线后，将鼠标悬停在任意夹点上，会弹出编辑菜单，选择后可进行样条曲线的编辑，如图 2-38 所示。

（2）采用 AutoCAD 提供的"编辑样条曲线"命令。应用时展开"修改"功能面板的下拉菜单，单击"编辑样条曲线"命令 ✍，执行命令后，命令行显示如下：

```
命令：_splinedit
选择样条曲线：            //选择如图2-39（a）所示样条曲线。
输入选项 [闭合(C)/合并(J)/拟合数据(F)/编辑顶点(E)/转换为多段线(P)/反转(R)/放弃(U)/退出(X)] <
退出>：c        //选择"闭合"选项后，结果如图2-39（b）所示。
```

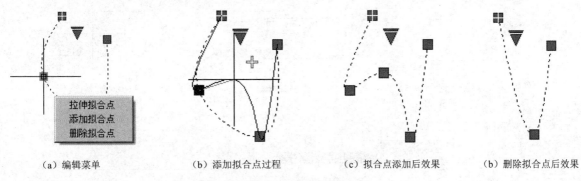

（a）编辑菜单　　　　（b）添加拟合点过程　　　　（c）拟合点添加后效果　　　　（b）删除拟合点后效果

图 2-38　样条曲线的编辑方法 1

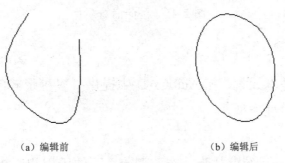

（a）编辑前　　　　　　　　（b）编辑后

图 2-39　样条曲线的编辑方法 2

3. 拉伸 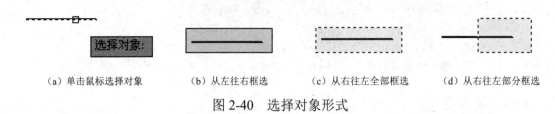 拉伸

拉伸命令是指拉长或缩短选中的对象，从而改变已有图形对象的形状。执行该命令，必须采用窗选或多边形框选的形式去定义拉伸区域，其中和选择窗口相交的对象将被拉伸，窗口外的对象保持不变，完全在窗口内的对象只发生移动，在如图 2-40 所示选择对象形式中，只有按照图（d）中的方式选择对象，才能执行拉伸功能，否则仅执行移动操作。

| (a) 单击鼠标选择对象 | (b) 从左往右框选 | (c) 从右往左全部框选 | (d) 从右往左部分框选 |

图 2-40　选择对象形式

可以采用以下两种方式执行拉伸命令。

● 直接在命令行输入 STRETCH 或者 S，并按回车键确认。

● 在"默认"选项卡下的"修改"功能面板上，单击"拉伸"命令 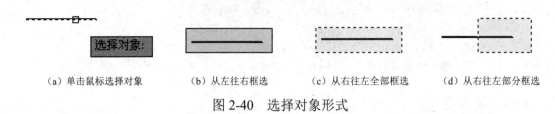 拉伸 。

下面以如图 2-41 所示图形为例，介绍拉伸命令的应用。操作完成后，命令行显示如下：

```
命令：_stretch
以交叉窗口或交叉多边形选择要拉伸的对象...
选择对象：指定对角点：找到 3 个
选择对象：                        // 选择对象，并按回车键确认，如图2-41（b）所示。
指定基点或 [位移(D)] <位移>：         // 指定基点，如图2-41（c）所示。
指定第二个点或 <使用第一个点作为位移>：  // 指定第二点，如图2-41（d）所示。
```

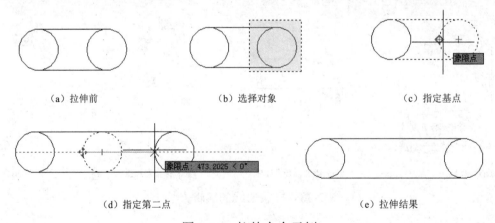

| (a) 拉伸前 | (b) 选择对象 | (c) 指定基点 |

| (d) 指定第二点 | (e) 拉伸结果 |

图 2-41　拉伸命令示例

4. 点

点是组成图形的最基本元素，在 AutoCAD 中提供了多种形式的点，包括单点、多点、定数等分点、定距等分点四种类型。

（1）点的样式设置

在 AutoCAD 中，点被系统默认为一个小黑点，不便于用户观察，因此在绘制点之前首先要对点的样式进行设置。可以采用以下两种方式进行点的样式设置。

● 直接在命令行输入 DDPTYPE 或者 DDPT，并按回车键确认。

● 在"默认"选项卡下，展开"实用工具"功能面板上的下拉菜单，单击 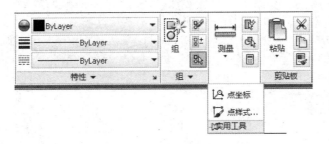 点样式... 命令，如图 2-42 所示。

图 2-42　点样式设置

执行上述命令后，弹出"点样式"对话框，如图 2-43 所示。在该对话框中，用户可根据需要选择点样式，设置点大小。

（2）绘制单点

在 AutoCAD 2018 默认环境下的"绘图"功能面板上，没有单点的命令图标，用户可以直接在命令行输入 POINT 或者 PO，并按回车键确认，然后移动鼠标至需要放置点的位置，单击鼠标即可放置单点。该命令执行后，一次只能绘制一个点。

（3）绘制多点 ▫

执行"多点"命令，可通过单击"绘图"功能面板上的多点命令 ▫，如图 2-44 所示，然后移动鼠标至需要放置点的位置，单击鼠标即可绘制一个点。该命令执行后，一次可以绘制多个点，直至按 ESC 键结束命令为止。

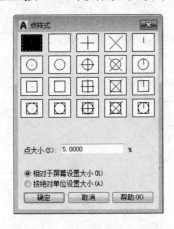

图 2-43　"点样式"对话框

图 2-44　执行"多点"命令

（4）绘制定数等分点 ⟪ᵣ⟫

该命令是将指定的对象以一定的数量进行等分并在指定的对象上添加一个或多个点，而不是将原来的对象拆分。可以采用以下两种方式执行定数等分点命令。

● 直接在命令行输入 DIVIDE 或者 DIV，并按回车键确认。

● 在"默认"选项卡下，展开"绘图"功能面板上的下拉菜单，单击"定数等分点"命

令 ,

下面以如图 2-45 所示的定数等分圆弧为例，介绍绘制定数等分点的方法。操作完成后，命令行显示如下：

```
命令：_divide
选择要定数等分的对象：        // 选择圆弧，并按回车键确认。
输入线段数目或 [块(B)]：4        // 输入等分的数目，若选择"块（B）"选项，则可以沿选定的对象等间距
的放置块，这里不做详细介绍。
```

　　　　　　（a）等分前　　　　　　　　　　　　　　　（b）等分后

图 2-45　定数等分圆弧

（5）绘制定距等分点

该命令是将指定的对象，按确定的长度进行等分。若指定对象的总长度除以等分距不是整数，就会出现剩余线段。可以采用以下两种方式执行定距等分点命令。

● 直接在命令行输入 MEASURE，并按回车键确认。

● 在"默认"选项卡下，展开"绘图"功能面板上的下拉菜单，单击"定距等分点"命令 。

下面以如图 2-46 所示的定距等分直线为例，介绍绘制定距等分点的方法。操作完成后，命令行显示如下：

```
命令：_measure
选择要定距等分的对象：        // 选择直线，并按回车键确认。
指定线段长度或 [块(B)]：15        // 输入等分距。
```

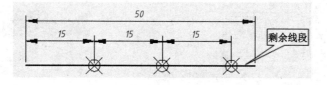

图 2-46　定距等分直线

☑ **任务实施**

① 绘制伞的外框。利用圆弧工具绘制伞的外框，如图 2-47 所示。

② 绘制伞的底边。利用样条曲线工具绘制伞的底边，如图 2-48 所示。

　　　　　　　　　　　　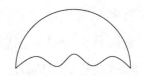

　　图 2-47　绘制伞的外框　　　　　　　　　　图 2-48　绘制伞的底边

③ 绘制伞面。利用圆弧工具绘制伞的伞面，如图 2-49 所示。

④ 设置点的样式为 ▱，先利用样条曲线工具绘制辅助线，如图 2-50 所示，然后利用定数等分工具绘制点，结果如图 2-51 所示，完成后将辅助线删除。

图 2-49　绘制伞面

图 2-50　绘制辅助线

⑤ 绘制伞顶。利用多段线工具在伞顶位置绘制伞顶，伞顶多段线的起点宽度为 4，端点宽度为 2，伞顶的长度适中即可，如图 2-52 所示。

⑥ 绘制把手。利用多段线工具在把手位置绘制把手，把手多段线的宽度为 3，如图 2-53 所示。

⑦ 利用拉伸工具适当拉伸调整把手的长度，结果如图 2-36 所示。

图 2-51　定数等分点

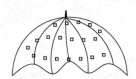

图 2-52　绘制伞顶

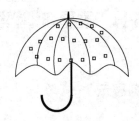

图 2-53　绘制把手

任务总结

本任务通过一个常见的日常生活用品——雨伞，着重讲解了点、样条曲线和拉伸工具。点的应用要注意先设置格式，否则会看不到；而在绘制样条曲线时在结束点处按回车键，就能按照用户的意图在当前点结束绘制。

◎**思考与练习**

1. 填空题

（1）AutoCAD 2018 的绘图工具面板上提供了_____、_____两种样条曲线命令。

（2）执行拉伸命令，必须采用窗选或多边形框选的形式去定义拉伸区域，其中_____的对象将被拉伸，_____的对象只发生移动。

（3）在绘制点之前首先要对_____进行设置。

2. 选择题

（1）调用拉伸命令拉伸图形时，下列操作不可行的是（　　　）。

A．把正方形拉成长方形   B．把圆拉成椭圆

C．整体移动图形   D．移动图形特殊点

（2）以下 4 个命令中，属于点的定数等分命令的是（   ）。

A．MEASURE   B．TRIM

C．DIVIDE   D．ELLIPSE

3．操作题

绘制如图 2-54 所示的旋具模型。

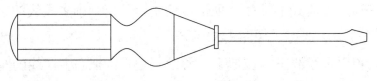

图 2-54 旋具模型

任务 5 卫星轨道模型的绘制与编辑

 任务展示

绘制与编辑如图 2-55 所示的卫星轨道模型。

图 2-55 卫星轨道模型

 任务分析

在绘制该模型过程中会用到椭圆、偏移、阵列和修剪等命令。下面就来学习在本模型绘制过程中用到的新知识。

● 掌握偏移命令的使用方法

● 掌握阵列命令的使用方法

● 掌握修剪命令的使用方法

知识准备

1. 偏移 ⬒

偏移命令是指采用复制的方法生成等距的平行直线、平行曲线及同心圆等，如图 2-56 所示。可以通过以下两种方式执行偏移命令。

● 直接在命令行输入 OFFSET 或者 O，并按回车键确认。

● 在"默认"选项卡下的"修改"功能面板上，单击"偏移"命令 ⬒ 。

执行偏移命令后，命令行显示如下：

```
命令：_offset
当前设置：删除源=否  图层=源  OFFSETGAPTYPE=0
指定偏移距离或 [通过(T)/删除(E)/图层(L)] <4.0000>：    // 指定偏移距离为4。选项"通过(T)"，表
示偏移复制的对象通过某一个点；选项" 删除(E)"，表示偏移对象后，删除源对象；选项"图层(L)"，表示偏移后的
对象是位于当前图层还是和源对象位于同一个图层。
选择要偏移的对象，或 [退出(E)/放弃(U)] <退出>：
指定要偏移的那一侧上的点，或 [退出(E)/多个(M)/放弃(U)] <退出>：    // 选项"多个(M)"，表示连续偏
移复制对象，新建对象会成为下一个偏移对象的源对象。
```

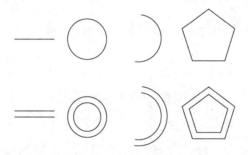

图 2-56　偏移示例

2. 阵列

所谓阵列就是把相同的对象按照一定的规律进行阵形排列。AutoCAD 2018 中，提供的阵列有矩形阵列、环形阵列、路径阵列三种类型。可以采用以下两种方式执行阵列命令。

● 直接在命令行输入 ARRAY 或者 AR，并按回车键确认，根据命令行提示选择相应的阵列类型。

● 在"默认"选项卡下的"修改"功能面板上，展开"阵列"下拉菜单，根据需要可选择"矩形阵列"命令、"环形阵列"命令、"路径阵列"命令。

（1）矩形阵列 ⊞

所谓矩形阵列，是以指定的行数、列数或者行和列之间的距离等方式，使选取的对象以矩形样式进行排列。执行矩形阵列命令后，根据命令行提示，选择阵列对象并按回车键确认，系统会自动打开"阵列创建"选项卡，如图 2-57 所示。同时阵列对象上会出现各个方向的夹点，如图 2-58 所示，激活并拖动夹点可自动调整行数、行间距等相关参数，用户可以边操作边调整阵列效果，从而降低阵列操作的难度。

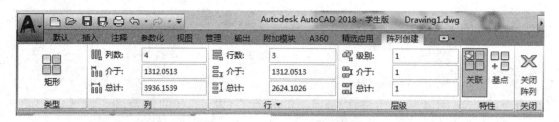

图 2-57 矩形"阵列创建"选项卡

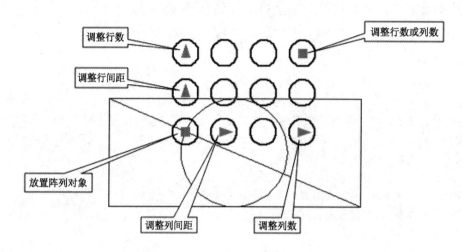

图 2-58 矩形阵列对象上的夹点

（2）环形阵列

环形阵列即极轴阵列，是指将选取的对象围绕指定的圆心以圆形样式进行阵列。执行环形阵列后，根据命令行提示，选择阵列对象并按回车键确认，进而在选择指定圆心后，系统会自动打开"阵列创建"选项卡，如图 2-59 所示，同时阵列对象上出现三个夹点，如图 2-60 所示。

图 2-59 环形"阵列创建"选项卡

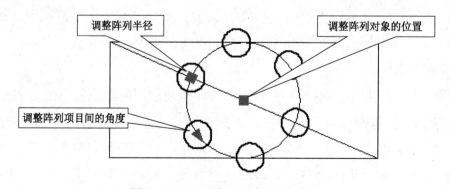

图 2-60 环形阵列对象上的夹点

（3）路径阵列

路径阵列是指将阵列对象沿着指定的路径进行排列。执行路径阵列命令后，根据命令行提示，选择阵列对象并按回车键确认，进而选择路径对象后，系统会自动打开"阵列创建"菜单栏，如图 2-61 所示，同时阵列对象上出现两个夹点，如图 2-62 所示。

图 2-61　路径"阵列创建"选项卡

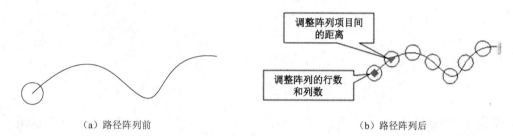

（a）路径阵列前　　　　　　　　　　　　（b）路径阵列后

图 2-62　路径阵列对象上的夹点

3. 修剪

当用户绘制图形时，对于多余的图形，需要用修剪命令将其修剪掉。可以采用以下两种方式执行修剪命令。

● 直接在命令行输入 TRIM 或者 TR，并按回车键确认。

● 在"默认"选项卡下的"修改"功能面板上，单击"修剪"命令。

下面以如图 2-63 所示图形为例，介绍修剪命令的应用。操作完成后，命令行显示如下：

```
命令: _trim
当前设置:投影=UCS,边=无      // 显示修剪命令选项的参数。
选择剪切边...     //选择作为修剪边界的对象,若直接按回车键,则所有对象均视为修剪边界。
选择对象或 <全部选择>: 找到 1 个   // 选择一条切线。
选择对象: 找到 1 个,总计 2 个   //  选择另一条切线。
选择对象:
选择要修剪的对象,或按住 Shift 键选择要延伸的对象,或   // 选择圆的左边部分。
[栏选(F)/窗交(C)/投影(P)/边(E)/删除(R)/放弃(U)]:   // 选择修剪对象的方式,选项"栏选(F)",
表示以栏选方式选择对象;选项"窗交(C)",表示以窗交方式选择对象;选项"投影(P)",表示用于指定修剪对象时所
使用的投影方法;选项"边(E)",表示修剪对象时是否采用延伸方式;选项"删除(R)",表示用于删除图形中的对象。
```

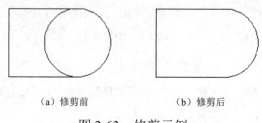

（a）修剪前　　　　　　　　　（b）修剪后

图 2-63　修剪示例

提示：选择修剪命令后，直接按回车键，然后选择需要修剪掉的图形更方便直接，效果也一样。

☑ 任务实施

① 绘制椭圆。利用椭圆工具绘制一个椭圆，如图 2-64 所示。

② 偏移椭圆。利用偏移工具将绘制的椭圆偏移，如图 2-65 所示。

③ 阵列椭圆。利用阵列工具阵列椭圆，如图 2-66 所示。

④ 修剪多余的线。最终结果如图 2-55 所示。

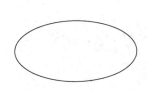　　　　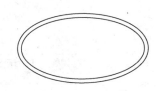　　　　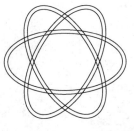

图 2-64　绘制椭圆　　　　图 2-65　偏移椭圆　　　　图 2-66　阵列椭圆

任务总结

本任务通过卫星轨道模型主要讲解了偏移、阵列和修剪三个编辑工具，偏移可以绘制与源对象类似的对象，阵列可以按一定规律复制源对象，修剪可以将图形中不需要的部分修剪掉，这三个编辑工具都很常用，要注意灵活使用。

◎ 思考与练习

1. 填空题

（1）偏移命令是指采用_____的方法生成等距的平行直线、平行曲线及同心圆等。

（2）AutoCAD 2018 中，提供的阵列有_____阵列、_____阵列、_____阵列三种类型。

（3）选择修剪命令后，直接按_____键，然后选择需要修剪掉的图形更方便。

2. 选择题

（1）已知一个圆，如果要绘制这个圆的同心圆，采用（　　　）方式最佳。

　　A．MIRROR　　B．OFFSET　　　　C．CIRCLE　　　　D．ARRAY

（2）以下 4 个命令中，（　　　）是修剪命令。

　　A．ARRAY　　B．OFFSET　　　　C．TRIM　　　　D．DIVIDE

（3）以下 4 个命令中，（　　　）是阵列命令。

　　A. TRIM　　　B. PLINE　　　C. OFFSET　　　D. ARRAY

（4）以指定的行数、列数或者行和列之间的距离等方式,使选取的对象进行排列是(　　　)。

　　A. 矩形阵列　　B. 环形阵列　　　C. 路径阵列

3. 操作题

绘制如图 2-67 所示的模型。

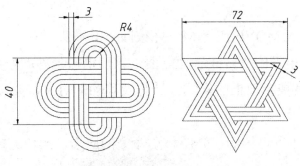

图 2-67　模型练习

任务6　紫荆花模型的绘制与编辑

任务展示

绘制与编辑如图 2-68 所示的紫荆花模型。

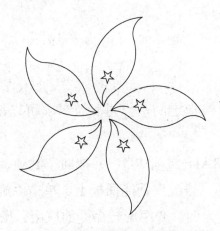

图 2-68　紫荆花模型

任务分析

　　在绘制该模型过程中会用到直线、圆弧、多边形、缩放、删除、修剪、阵列、移动和旋转等命令。下面就来学习在本模型绘制过程中用到的新知识。

　　● 掌握移动命令的使用方法

- 掌握旋转命令的使用方法
- 掌握缩放命令的使用方法

知识准备

1. 移动 ✛移动

利用移动命令可以将对象在指定的方向上移动指定的距离。可以采用以下两种方式执行移动命令。

- 直接在命令行输入 MOVE 或者 M，并按回车键确认。
- 在"默认"选项卡下的"修改"功能面板上，单击"移动"命令 ✛移动。

执行命令后，光标变成拾取框的样式，选择要移动的对象，并按回车键确认，根据命令行提示进行操作。

下面以如图 2-69 所示图形为例，介绍移动命令的应用。操作完成后，命令行显示如下：

```
命令：_move
选择对象：找到 1 个                    // 选择圆。
选择对象：
指定基点或 [位移(D)] <位移>：          // 选择圆心作为基点。
指定第二个点或 <使用第一个点作为位移>： // 捕捉矩形右边中点。
```

(a) 平移前   (b) 平移后

图 2-69　移动命令示例

2. 旋转 ○旋转

旋转命令可将选择的对象绕指定的基点进行旋转。可以采用以下两种方式执行旋转命令。

- 直接在命令行输入 ROTATE 或者 RO，并按回车键确认。
- 在"默认"选项卡下的"修改"功能面板上，单击"旋转"命令 ○旋转。

下面以如图 2-70 所示图形为例，介绍旋转命令的应用。操作完成后，命令行显示如下：

```
命令：_rotate        // 执行命令。
UCS 当前的正角方向：ANGDIR=逆时针 ANGBASE=0      // 默认设置。
选择对象：指定对角点：找到 3 个      // 选择对象并按回车键确认。
选择对象：
指定基点：    // 选择基点A点。
指定旋转角度，或 [复制(C)/参照(R)] <90>：-45    // 输入旋转角度。若选择"复制（C）"选项，则会
在保留源对象的基础上创建一个旋转对象；若选择"参照（R）"选项，会选择参照角度进行旋转。
```

（a）旋转前　　　　　　　　　　（b）旋转后

图 2-70　旋转命令示例

3. 缩放　🔲 缩放

缩放命令能将对象依所输入的比例系数，在 X 方向和 Y 方向执行同比例的放大或缩小。在比例的调整中，可以直接输入比例系数，比例系数介于 0 和 1 之间是缩小图形，大于 1 是放大图形，但是比例系数不能是负值。可以采用以下两种方式执行缩放命令。

● 直接在命令行输入 SCALE 或者 SC，并按回车键确认。

● 在"默认"选项卡下的"修改"功能面板上，单击"缩放"命令 🔲 缩放 。

下面以如图 2-71 所示图形为例，介绍缩放命令的应用。操作完成后，命令行显示如下：

```
命令：_scale
选择对象:找到 1 个                    //选择缩放对象。
选择对象:
指定基点:                            //指定端点作为缩放基准点。
指定比例因子或 [复制(C)/参照(R)]: c   //复制对象，否则源对象不保留。
缩放一组选定对象。
指定比例因子或 [复制(C)/参照(R)]: 2   //指定缩放比例。
```

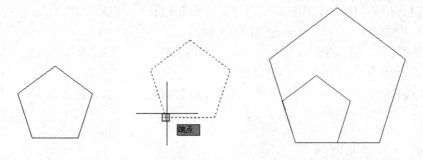

图 2-71　缩放命令示例

✅ 任务实施

① 绘制花瓣外框。利用圆弧工具绘制花瓣外框，如图 2-72 所示。

② 绘制五角星。利用多边形和直线工具绘制五角星，如图 2-73 所示。

③ 编辑五角星。先删除五边形，然后利用修剪工具修剪多余的线，再利用缩放工具缩放至合适大小，最后利用旋转工具旋转适当角度并移动到合适位置，如图 2-74 所示。

④ 阵列花瓣。利用阵列工具"环形阵列"，最终结果如图 2-68 所示。

图 2-72　绘制花瓣外框　　　　图 2-73　绘制五角星　　　　图 2-74　编辑五角星

 任务总结

本任务讲解了紫荆花模型，主要用到了直线、圆弧、多边形、删除、修剪、阵列、缩放、移动和旋转等工具，其中后三个工具是新学到的命令，可以利用它们对绘图过程中大小、位置、角度不合适的图形进行调整。

◎ **思考与练习**

1. **填空题**

（1）旋转命令可将选择的对象绕指定的 _____ 进行旋转。

（2）缩放命令的比例系数介于_____之间是缩小图形，_____是放大图形，但是比例系数不能是_____。

2. **选择题**

（1）以下 4 个命令中，（　　）是旋转命令。
　　A．SCALE　　　B．MOVE　　　　C．ROTATE　　　D．DIVIDE

（2）以下 4 个命令中，（　　）是缩放命令。
　　A．MOVE　　　B．SCALE　　　　C．DIVIDE　　　D．ROTATE

（3）以下 4 个命令中，（　　）是移动命令。
　　A．MOVE　　　B．SCALE　　　　C．ROTATE　　　D．ELLIPSE

3. **操作题**

绘制如图 2-75 所示的模型。

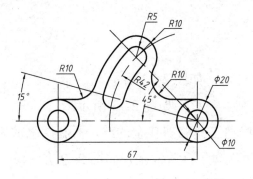

图 2-75　模型练习

任务 7　传动轴模型的绘制与编辑

任务展示

绘制与编辑如图 2-76 所示的传动轴模型。

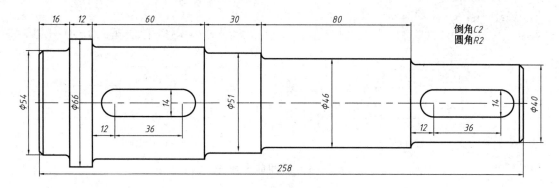

图 2-76　传动轴模型

任务分析

在绘制该模型过程中会用到直线、圆、延伸、圆角、倒角、镜像、复制和拉长等命令。下面就来学习在本模型绘制过程中用到的新知识。

- 掌握延伸命令的使用方法
- 掌握圆角和倒角命令的使用方法
- 掌握镜像命令的使用方法
- 熟悉复制命令的使用
- 熟悉拉长命令的使用

知识准备

1. 延伸 ⌐--/ 延伸

延伸是以某个图形为边界，将另一个指定对象延伸到此界限上。在使用延伸命令时，按住 Shift 键的同时选择对象，则执行修剪命令。可以采用以下两种方式执行延伸命令。

- 直接在命令行输入 EXTEND 或者 EX，并按回车键确认。
- 在"默认"选项卡下的"修改"功能面板上，单击"修剪"命令图标右侧的下拉按钮，选择"延伸"命令 ⌐--/ 延伸，如图 2-77 所示。

图 2-77　"延伸"命令

下面以如图 2-78 所示图形为例，介绍延伸命令的应用。操作完成后，命令行显示如下：

```
命令: _extend
当前设置:投影=UCS,边=无
选择边界的边...
选择对象或 <全部选择>:找到1个   // 选择要延伸到的边界,并按回车键确认,这里选择中心线。
选择对象:
选择要延伸的对象,或按住 Shift 键选择要修剪的对象,或
[栏选(F)/窗交(C)/投影(P)/边(E)/放弃(U)]:      // 选择延伸对象,这里选择垂直线。
选择要延伸的对象,或按住 Shift 键选择要修剪的对象,或
[栏选(F)/窗交(C)/投影(P)/边(E)/放弃(U)]:      // 选择延伸对象,继续选择垂直线,并按回车键确认。
```

(a) 延伸前　　　　　　　　　　　　　　　　　　(b) 延伸后

图 2-78　延伸命令示例

2. 圆角 ⬚ 圆角

圆角命令是利用一段指定半径的圆弧将两条直线、两段圆弧、直线和圆弧等对象进行圆滑连接。可以采用以下两种方式执行圆角命令。

● 直接在命令行输入 FILLET 或者 F，并按回车键确认。

● 在"默认"选项卡下的"修改"功能面板上，单击"圆角"命令⬚ 圆角，如图 2-79 所示。

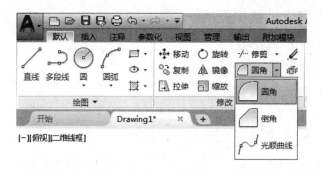

图 2-79　"圆角（倒角）"命令

执行圆角命令后，根据命令行提示输入 R，设置圆角半径。这里以如图 2-80 所示图形为例，介绍圆角命令的应用。操作完成后，命令行显示如下：

(a) 圆角前　　　　　　　　　　　　　　　　　　(b) 圆角后

图 2-80　圆角命令示例

```
命令: _fillet
当前设置: 模式 = 修剪, 半径 = 5.0000
选择第一个对象或 [放弃(U)/多段线(P)/半径(R)/修剪(T)/多个(M)]: r // 选择半径选项。
指定圆角半径 <5.0000>: 3    // 设定半径值。
选择第一个对象或 [放弃(U)/多段线(P)/半径(R)/修剪(T)/多个(M)]: m   // 连续圆角。
选择第一个对象或 [放弃(U)/多段线(P)/半径(R)/修剪(T)/多个(M)]:
选择第二个对象, 或按住 Shift 键选择对象以应用角点或 [半径(R)]:
选择第一个对象或 [放弃(U)/多段线(P)/半径(R)/修剪(T)/多个(M)]:
选择第二个对象, 或按住 Shift 键选择对象以应用角点或 [半径(R)]:
```

命令行中其他各项的含义如下:

(1) 多段线 (P): 对利用多段线命令或者正多边形命令绘制的图形, 选择此种方式后, 会一次对整个图形的所有顶点处进行圆角, 如图 2-81 所示。

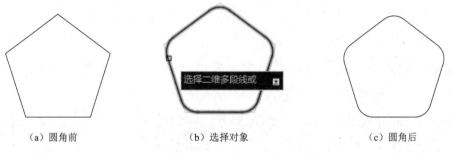

| （a）圆角前 | （b）选择对象 | （c）圆角后 |

图 2-81　多段线图形圆角

(2) 修剪 (T): 设定对倒角是否进行修剪, 默认是修剪。

下面以如图 2-82 所示图形为例, 对"修剪"选项的使用进行介绍。操作完成后, 命令行显示如下:

```
命令: _fillet
当前设置: 模式 = 修剪, 半径 = 3.0000
选择第一个对象或 [放弃(U)/多段线(P)/半径(R)/修剪(T)/多个(M)]: m
选择第一个对象或 [放弃(U)/多段线(P)/半径(R)/修剪(T)/多个(M)]:
选择第二个对象, 或按住 Shift 键选择对象以应用角点或 [半径(R)]:
选择第一个对象或 [放弃(U)/多段线(P)/半径(R)/修剪(T)/多个(M)]: t  //选择修剪选项。
输入修剪模式选项 [修剪(T)/不修剪(N)] <修剪>: n   // 不修剪。
选择第一个对象或 [放弃(U)/多段线(P)/半径(R)/修剪(T)/多个(M)]:
选择第二个对象, 或按住 Shift 键选择对象以应用角点或 [半径(R)]:
```

| （a）圆角前 | （b）圆角后 |

图 2-82　"修剪/不修剪"方式圆角

(3) 多个 (M): 选择该项, 可以对多组对象进行连续圆角, 相当于连续多次执行同一设置的圆角。

3. 倒角 ⌐倒角

倒角命令和圆角命令相似，它可以按照指定的距离或角度在一对相交直线上倒斜角。可以采用以下两种方式执行倒角命令。

- 直接在命令行输入 CHAMFER 或者 CHA，并按回车键确认。

- 在"默认"选项卡下的"修改"功能面板上，单击"圆角"命令右侧的下拉箭头，在下拉菜单中选择"倒角"命令⌐倒角，如图 2-79 所示。

执行倒角命令后，命令行显示如下：

```
命令: _chamfer
("修剪"模式) 当前倒角距离 1 = 0.0000，距离 2 = 0.0000
选择第一条直线或 [放弃(U)/多段线(P)/距离(D)/角度(A)/修剪(T)/方式(E)/多个(M)]:
```

从命令行可以看到，倒角有两种方式可供选择，分别是"距离（D）"方式和"角度（A）"方式，默认是距离方式，下面分别做详细介绍。

（1）"距离（D）"方式倒角

该方式是通过设置两个倒角边的倒角距离来进行倒角。执行倒角命令后，在命令行提示下，输入"D"并按回车键确认，即进入距离方式倒角。

下面以如图 2-83 所示图形为例，介绍距离方式倒角的应用。操作完成后，命令行显示如下：

```
命令: _chamfer
("修剪"模式) 当前倒角距离 1 = 0.0000，距离 2 = 0.0000
选择第一条直线或 [放弃(U)/多段线(P)/距离(D)/角度(A)/修剪(T)/方式(E)/多个(M)]: d
指定 第一个 倒角距离 <0.0000>: 2
指定 第二个 倒角距离 <2.0000>: 3
选择第一条直线或 [放弃(U)/多段线(P)/距离(D)/角度(A)/修剪(T)/方式(E)/多个(M)]:
选择第二条直线，或按住 Shift 键选择直线以应用角点或 [距离(D)/角度(A)/方法(M)]:
```

（a）倒角前   （b）倒角后

图 2-83 距离方式倒角

说明：用户在选择对象时，如果按住 Shift 键，前面输入的倒角距离将用"0"代替，如果选择对象的角点处已被倒角，此操作会还原被倒角的角点，如图 2-84 所示。

（a）倒角前   （b）倒角后

图 2-84 按住 Shift 键选择对象进行倒角

（2）"角度（A）"方式倒角

该方式是通过设置一个角度和一个距离来进行倒角。执行倒角命令后，在命令行提示下，输入"A"并按回车键确认，即进入角度方式倒角。

下面以如图 2-85 所示图形为例，介绍角度方式倒角的应用。操作完成后，命令行显示如下：

```
命令：_chamfer
（"修剪"模式）当前倒角距离 1 = 0.0000，距离 2 = 0.0000
选择第一条直线或 [放弃(U)/多段线(P)/距离(D)/角度(A)/修剪(T)/方式(E)/多个(M)]： a
指定第一条直线的倒角长度 <0.0000>：3
指定第一条直线的倒角角度 <0>：30
选择第一条直线或 [放弃(U)/多段线(P)/距离(D)/角度(A)/修剪(T)/方式(E)/多个(M)]：
选择第二条直线，或按住 Shift 键选择直线以应用角点或 [距离(D)/角度(A)/方法(M)]：
```

(a) 倒角前   选择第二条边   选择第一条边   (b) 倒角后

图 2-85　角度方式倒角

命令行中其他各项含义和圆角命令相似，这里不再赘述。

4. 复制

复制是移动对象并在原来位置复制一个副本。可以采用以下两种方式执行复制命令。

● 直接在命令行输入 COPY 或者 CP/CO，并按回车键确认。

● 在"默认"选项卡下的"修改"功能面板上，单击"复制"命令 。

下面以如图 2-86 所示图形为例，介绍复制命令的应用。操作完成后，命令行显示如下：

```
命令：_copy
选择对象：找到 1 个      // 选择对象，并按回车键确认。
选择对象：
当前设置：复制模式 = 单个      // 默认设置，表示当前是"单个"复制模式，即执行一次命令只能复制一个
副本。
指定基点或 [位移(D)/模式(O)/多个(M)] <位移>：      // 指定基点即指定复制前的起始点，选项"位移
(D)"，表示以指定位移的方式来确定复制对象的新位置；选项"模式(O)"表示选择复制模式，可以在"单个"模式和"多
个"模式之间选择。
指定第二个点或 [阵列(A)]<使用第一个点作为位移>：      // 指定复制对象的新位置，选项"阵列(A)"，表
示可以采用阵列形式复制对象。
```

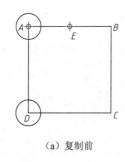
（a）复制前

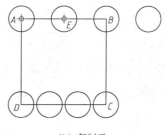
（b）复制后

图 2-86　复制命令示例

5. 镜像

运用镜像命令，用户可以创建对称的几何对象。可以采用以下两种方式执行镜像命令。

- 直接在命令行输入 MIRROR 或者 MI，并按回车键确认。
- 在"默认"选项卡下的"修改"功能面板上，单击"镜像"命令 。

下面以如图 2-87 所示图形为例，介绍镜像命令的应用。操作完成后，命令行显示如下：

```
命令: _mirror
选择对象: 找到 1 个            // 选择对象并按回车键确认。
指定镜像线的第一点: 指定镜像线的第二点:  // 选择镜像线上任意两点。
要删除源对象吗? [是(Y)/否(N)] <N>:  // 是否删除源对象。
```

图 2-87　镜像示例

6. 拉长

拉长命令可以查看对象的长度，并可将选中对象按照指定的方式延长或缩短。执行该命令，在选择对象时，不能采用框选的方式，并且一次只能选择一个对象。可以采用以下两种方式执行拉长命令。

- 直接在命令行输入 LENGTHEN 或者 LEN，并按回车键确认。
- 在"默认"选项卡下，展开"修改"功能面板的下拉菜单，单击"拉长"命令 。

下面以如图 2-88 所示图形为例，介绍拉长命令的应用。操作完成后，命令行显示如下：

```
命令: _lengthen                          // 执行拉长命令。
选择对象或 [增量(DE)/百分数(P)/全部(T)/动态(DY)]: de   // 以增量方式拉长L1。
输入长度增量或 [角度(A)] <10.0000>: 16      // L1在原来基础上增加16。
选择要修改的对象或 [放弃(U)]:               // 选择L1的右端点。
选择要修改的对象或 [放弃(U)]: *取消*       // 取消拉长命令。
命令:
LENGTHEN                                // 按回车键，重复执行拉长命令。
选择对象或 [增量(DE)/百分数(P)/全部(T)/动态(DY)]: p    // 以百分数方式拉长L2。
输入长度百分数 <150.0000>: 60            // L2长度为原来的60%。
选择要修改的对象或 [放弃(U)]:             // 选择L2的右端点。
```

选择要修改的对象或 [放弃(U)]: *取消*
命令:
LENGTHEN   // 按回车键,重复执行拉长命令。
选择对象或 [增量(DE)/百分数(P)/全部(T)/动态(DY)]: t   // 以全部方式拉长L3。
指定总长度或 [角度(A)] <25.0000)>: 25   // L3拉长后长度为25。
选择要修改的对象或 [放弃(U)]:   // 选择L3的右端点。
选择要修改的对象或 [放弃(U)]: *取消*
命令:
LENGTHEN   // 按回车键,重复执行拉长命令。
选择对象或 [增量(DE)/百分数(P)/全部(T)/动态(DY)]: dy   // 以动态方式拉长L4。
选择要修改的对象或 [放弃(U)]:   // 选择L4,可以在左右两个方向上移动鼠标,随着鼠标的移动,
动态扩减对象的长度。
指定新端点: // 指定L4拉长后的新端点。
选择要修改的对象或 [放弃(U)]: *取消*

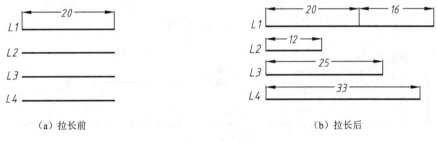

（a）拉长前　　　　　　　　　　　　　　　（b）拉长后

图 2-88　拉长命令示例

✅ 任务实施

① 创建图层。创建"轮廓线""中心线"两个图层,并将"中心线"图层置为当前图层。

② 绘制中心线。绘制长 258 mm 的中心线。

③ 改变当前图层。将轮廓线图层设置为当前图层,并绘制轮廓线,如图 2-89 所示。

④ 倒角。利用倒角命令对轴两端进行倒角处理,倒角距离均为 2 mm,如图 2-90 所示。

图 2-89　绘制轮廓线

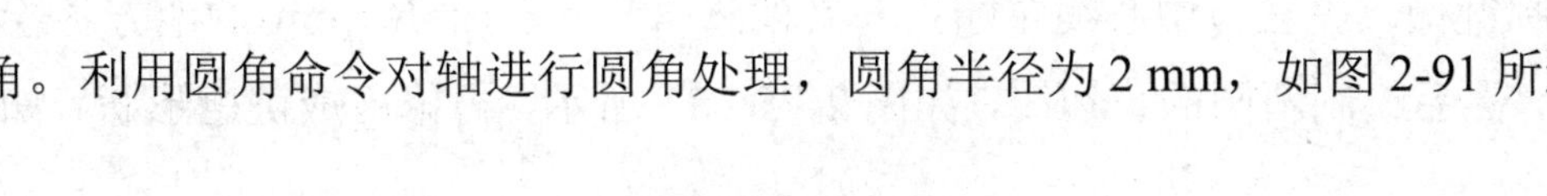

图 2-90　倒角处理

⑤ 圆角。利用圆角命令对轴进行圆角处理,圆角半径为 2 mm,如图 2-91 所示。

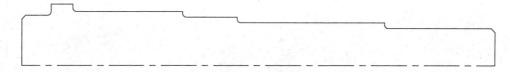

图 2-91　圆角处理

⑥ 绘制直线。在倒角处各绘制一条直线，如图 2-92 所示。

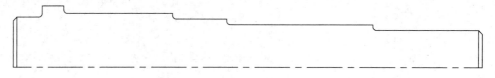

图 2-92　绘制直线

⑦ 延伸处理。对如图 2-93（a）所示位置处的竖直线，进行延伸，延伸边界为水平中心线，延伸后，结果如图 2-93（b）所示。

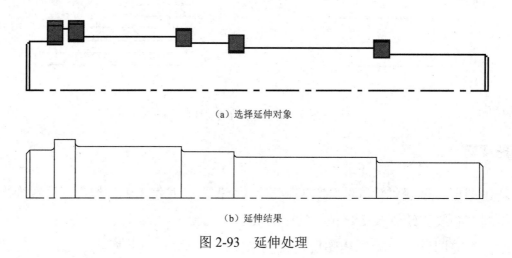

（a）选择延伸对象

（b）延伸结果

图 2-93　延伸处理

⑧ 镜像处理。选择水平中心线上方的所有轮廓线作为镜像对象，以水平中心线为镜像线进行镜像，如图 2-94 所示。

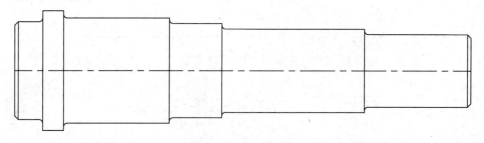

图 2-94　镜像处理

⑨ 绘制键槽。先在自中心线左端点向右偏移 40 mm 和 76 mm 的地方各绘制一半径为 7 mm 的圆，然后绘制两圆的公切线，如图 2-95（a）所示，再修剪成键槽形状，如图 2-95（b）所示。

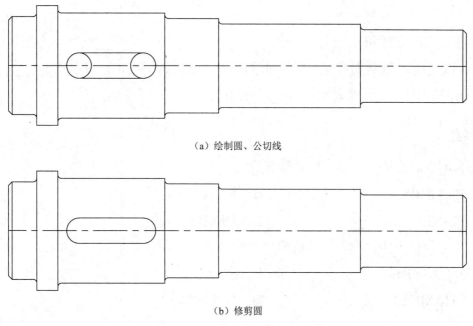

（a）绘制圆、公切线

（b）修剪圆

图 2-95　绘制键槽

⑩ 复制键槽。选择上一步绘制的键槽，利用复制命令，将其复制，并在水平方向上，向右移动 170mm，结果如图 2-96 所示。

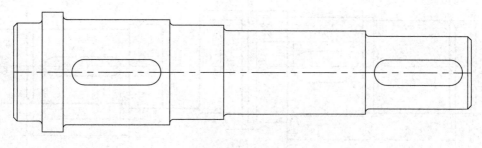

图 2-96　复制键槽

⑪ 拉长中心线。将中心线向两端拉长 2 mm，并显示线宽，最终结果如图 2-76 所示。

🔒 任务总结

本任务讲解了一个常用的机械零件传动轴，它具有一般机械零件的特点，比如结构对称，有倒角和圆角，还有键槽，希望读者通过这个任务对机械零件的绘制有一个初步的了解。

◎思考与练习 ～～～

1. 填空题

（1）延伸是以某个图形为边界，将另一个指定对象延伸到此界限上，在使用延伸命令时，按_____键的同时选择对象，则执行_____命令。

（2）圆角命令是利用一段_____将两条直线、两段圆弧、直线和圆弧等对象进行圆滑连接。

（3）倒角有两种方式可供选择，分别是＿＿＿＿＿＿方式和＿＿＿＿＿＿方式。

（4）拉长命令可以查看对象的长度，并可将选中对象按照指定的方式＿＿＿＿＿＿。执行该命令，在选择对象时，不能采用＿＿＿＿＿的方式。

2．选择题

（1）以下 4 个命令中，（　　）是延伸命令。

    A．EXTEND   B．MEASURE

    C．PLINE   D．DIVIDE

（2）以下 4 个命令中，（　　）是圆角命令。

    A．MEASURE   B．FILLET

    C．CHAMFER   D．ELLIPSE

3．操作题

绘制如图 2-97 所示的轴模型。

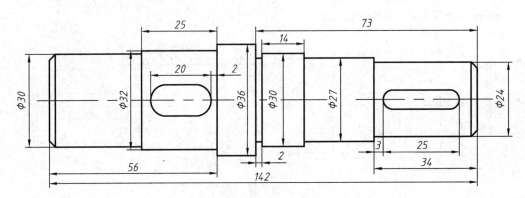

图 2-97　轴模型

任务 8　房屋平面模型的绘制与编辑

 任务展示

绘制与编辑如图 2-98 所示的房屋模型。

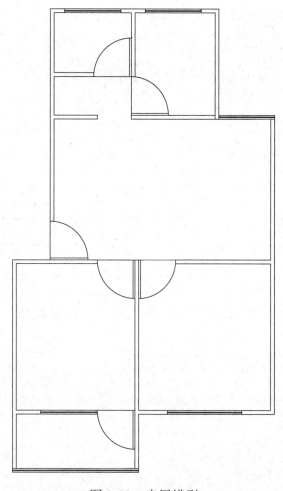

图 2-98　房屋模型

任务分析

在绘制该模型过程中会用到多线及多线的编辑命令和块的使用。下面就来学习在本模型绘制过程中用到的新知识。

● 掌握多线及其编辑工具的使用方法

● 掌握分解工具的使用方法

● 掌握块的使用方法

知识准备

1. 多线

多线是一种由多条平行线组成的图形元素，其各平行线的数目以及平行线之间的宽度都是可以调整的。多线常用于建筑图纸中的墙体、电子线路图中的平行线等元素的绘制。在 AutoCAD 2018 中默认的绘图工具面板上，没有提供多线命令的按钮，因此用户必须在命令行输入 MLINE，方可执行多线命令。执行多线命令后，命令行显示如下：

```
命令: mline
当前设置: 对正 = 上, 比例 = 1.00, 样式 = STANDARD    // 多线当前设置样式。
```

指定起点或 [对正(J)/比例(S)/样式(ST)]: st   // 选项 "对正（J）" 用来设置绘制多线的基准，其共有 "上" "下" "无" 三种对正方式，如图2-99所示，其中 ⊠ 表示光标所在位置；选项 "比例（S）" 用来设置平行线之间的距离；选项 "样式（ST）" 用来设置当前多线的样式。

输入多线样式名或 [?]: ?   //输入 "?" 即可以文本的形式显示已经加载的多线样式。

已加载的多线样式:

名称   说明
---------------- --------------------
STANDARD

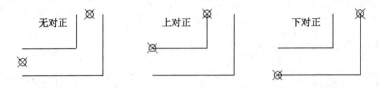

图 2-99   多线的三种对正方式

下面以如图 2-100 所示的一段墙体示意图为例，介绍多线命令的使用。操作完成后，命令行显示如下：

命令: mline
当前设置: 对正 = 上, 比例 = 1.00, 样式 = STANDARD
指定起点或 [对正(J)/比例(S)/样式(ST)]:
指定下一点: 50
指定下一点或 [放弃(U)]: 20
指定下一点或 [闭合(C)/放弃(U)]: 20
指定下一点或 [闭合(C)/放弃(U)]: 20
指定下一点或 [闭合(C)/放弃(U)]: 30
指定下一点或 [闭合(C)/放弃(U)]: c

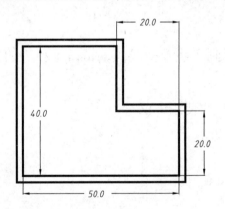

图 2-100   墙体练习示例

2. 编辑多线

多线绘制完成后，往往不能满足实际要求，针对画好的多线，可以利用 "编辑多线（MLEDIT）" 命令编辑多线相交时其交叉口的处理方式。另外，也可以处理合并点和顶点，或是对多线做打断和合并的操作。在 AutoCAD 2018 中默认的修改功能面板上，没有提供编辑多线命令的按钮，因此用户必须在命令行输入 MLEDIT，方可执行编辑多线命令。执行命令后打开 "多线编辑工具" 对话框，如图 2-101 所示。编辑时先选择交叉口的处理方式，然

后选择需要编辑的两条多线即可，如图 2-102 所示是分别对 *A* 点和 *B* 点选择"十字打开"和
"角点结合"后的效果。

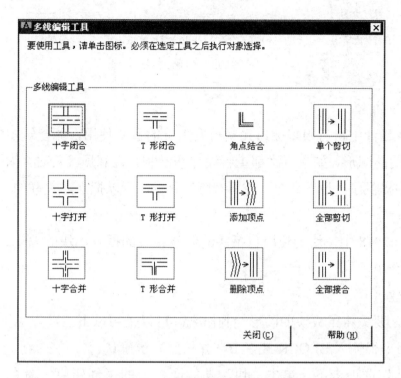

图 2-101　"多线编辑工具"对话框

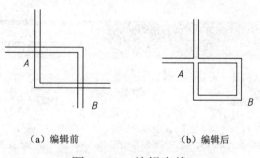

（a）编辑前　　　　　　　（b）编辑后

图 2-102　编辑多线

3. 分解

在前面学习的绘图命令中，有很多命令绘制的图形是一个组合对象，如矩形、多边形、
多段线、多线等。要想对这些对象的其中一部分进行编辑，就必须利用分解命令将其分解。
可以采用以下两种方式执行分解命令。

● 直接在命令行输入 EXPLODE 或者 EXPL，并按回车键确认。

● 在"默认"选项卡下，单击"修改"功能面板上的"分解"命令 。

执行命令后，选择对象，按回车键，即可将其分解，如图 2-103 所示。

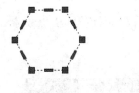 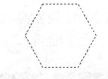 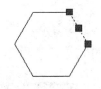

（a）分解前选择对象　　（b）执行分解命令后选择分解对象　　（c）分解后选择对象

图 2-103　分解对象

4．块

在 AutoCAD 设计中，有很多图形元素需要大量的重复使用，如建筑图中的窗户、门等。这些多次重复使用的图形，如果每次都重新设计和绘制，既麻烦又费时。为了解决上述问题，AutoCAD 2018 中提供了"块"命令，使用"块"命令，可以把上述关联的一系列图形对象定义为一个整体。

在 AutoCAD 2018 中，块的使用包括块的创建、块的插入、块的编辑、块的属性等，下面分别进行简单介绍。

（1）块的创建

创建块之前，要先将组成块的图形绘制出来。可以采用以下三种方式执行创建块命令。

● 直接在命令行输入 BLOCK 或者 B，并按回车键确认。

● 在"默认"选项卡下，单击"块"功能面板上的"创建块"命令 ，如图 2-104 所示。

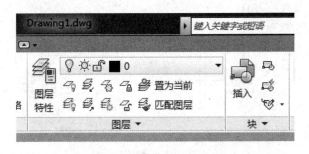

图 2-104　"默认"选项卡下的"块"功能面板

● 在"插入"选项卡下，单击"块定义"功能面板上的"创建块"命令 。如图 2-105 所示。

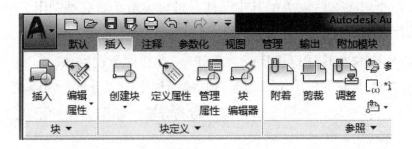

图 2-105　"插入"选项卡下的"块定义"功能面板

下面举例说明创建块的过程。

① 绘制需要创建块的图形文件，如图 2-106 所示。

② 执行"创建块"命令，弹出"块定义"对话框，如图 2-107 所示。

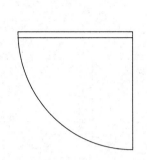

图 2-106　制作块的图形　　　　　图 2-107　"块定义"对话框

③ 单击"基点"选项组的"拾取点"按钮 ，返回绘图区，捕捉圆心后，自动返回"块定义"窗口。

④ 单击"对象"选项组的"选择对象"按钮 ⊕，返回绘图区，利用框选，选取所有对象，按回车键确认后，自动返回"块定义"窗口。

⑤ 在"名称"栏输入"单开门"，完成后如图 2-108 所示。

图 2-108　完成块定义的对话框

⑥ 单击"确定"按钮，完成块的创建。

（2）块的插入

块创建好以后，就可以在需要的地方使用插入块命令插入创建的图块。可以采用以下三种方式执行插入块命令。

● 直接在命令行输入 INSERT 或者 I，并按回车键确认。

● 在"默认"选项卡下,单击"块"功能面板上的"插入块"命令 🔳。

● 在"插入"选项卡下,单击"块"功能面板上的"插入块"命令 🔳。

执行插入块命令后,弹出"插入"对话框,如图 2-109 所示,通过"名称"框的下拉列表,找到需要插入的块的名称。也可通过"浏览"按钮 浏览(B)... 插入外部块。可以根据需要调整比例和角度,单击"确定"按钮后,即可将块插入到指定位置,如图 2-110 所示。

图 2-109 "插入"对话框

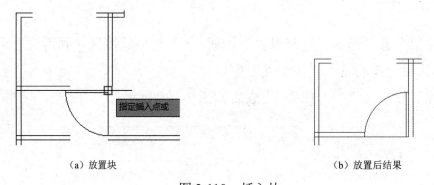

（a）放置块 　　　　　　　　　　　　　　（b）放置后结果

图 2-110 插入块

（3）块的编辑

块在插入图形后,表现为一个整体,不能直接对组成块的对象进行编辑。在 AutoCAD 2018 中,提供了四种编辑块的方法,分别是:分解块、对块重定义、块的在位编辑及块编辑器。下面分别进行简单介绍。

① 分解块。

使用分解命令将块分解后,组成块的各个图元不再是一个整体,而是独立的对象,这时就可对组成块的各图元进行编辑,如图 2-111 所示。

（a）分解前 　　　　　　　　　　　　　　（b）分解后

图 2-111 分解块

② 对块重定义。

将块分解后的编辑，仅仅停留在图面上，并没有从真正意义上改变块的定义，也就是说当我们再次插入这个块时，依旧是原来的样子。除非把分解并编辑后的块重新定义成和原来的块同名称，用新的块代替旧的块。

对块重定义使用起来比较简单，与创建块使用同一命令，只是在"名称"栏，要从下拉列表中选择已有的块，进行重定义后，单击"确定"按钮，会弹出"块-重新定义块"信息提示框，如图 2-112 所示。选择"重新定义块"选项即可将原来的块进行重定义。

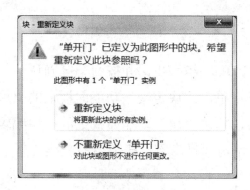

图 2-112 "块-重新定义块"信息提示框

③ 块的在位编辑。

所谓在位编辑，即在块的原来位置上进行编辑。方法是：在选择块后，单击鼠标右键，在弹出的快捷菜单中选择"在位编辑块"命令，如图 2-113 所示，弹出"参照编辑"对话框，如图 2-114 所示。单击"确定"按钮后，图形区除了要编辑的块，其他图形灰色显示，同时在功能区的当前菜单下出现"编辑参照"功能面板，如图 2-115 所示。修改完成后，单击功能面板上的"保存修改"按钮 ，会弹出 AutoCAD 的信息警告窗口，单击"确定"按钮，完成块的编辑。

图 2-113 块的右键菜单

图 2-114 "参照编辑"对话框

④块编辑器。

块编辑器的使用，与前面学习的块的在位编辑基本相似。可以使用以下四种方法执行块编辑器命令。

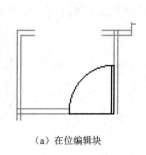

（a）在位编辑块

（b）编辑参照功能面板

图 2-115　在位编辑块

● 直接在命令行输入 BEDIT 或者 BE，并按回车键确认。

● 在"插入"选项卡下，单击"块定义"功能面板上的"块编辑器"命令 🖼️。

● 在"默认"选项卡下，单击"块"功能面板上的"块编辑器"命令 🖼️。

● 选择要编辑的块后，单击鼠标右键，在弹出的快捷菜单中选择"块编辑器"命令，如图 2-113 所示。

执行命令后，会进入块的编辑状态，同时在功能区出现"块编辑器"选项卡，如图 2-116 所示。编辑完成后，单击"打开/保存"功能面板上的"保存块"命令 🖼️，即可将编辑的块进行保存。

图 2-116　块编辑器选项卡

（4）块的属性

一般情况下定义的块，只有图形信息，而有些情况下需要定义块的非图形信息，如零件的质量、体积、价格等。这类信息根据需要可在图形中显示，也可不显示，这些信息称之为块的属性。这部分内容并不常用，这里不再介绍，感兴趣的读者可参考相关资料。

✅ 任务实施

① 创建图层。创建"墙体""门窗"两个图层，墙体用粗实线，门窗用细实线。

② 绘制墙体。利用多线工具先绘制外墙，如图 2-117 所示，然后再绘制内墙和阳台，如图 2-118 所示。编辑多线，将多线交叉处进行编辑，如图 2-119 所示。

③ 开好门洞。将外墙分解并绘制辅助线，利用修剪工具开好入户门洞，再开好阳台门洞，如图 2-120 所示，最后将辅助线删除。

④ 开好窗洞。按照上一步的方法开好窗洞，如图 2-121 所示。

⑤ 绘制单开门。如图 2-122 所示，并将单开门创建为图块"单开门"。

⑥ 绘制窗户。如图 2-123 所示，并将窗户创建为图块"窗户"。

⑦ 插入块"单开门"。插入时注意调整角度，如图 2-124 所示。

⑧ 插入块"窗户"。插入时注意调整比例大小，最终结果如图 2-98 所示。

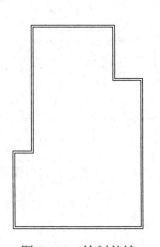

图 2-117　绘制外墙

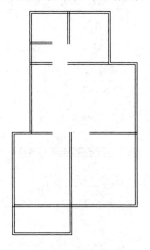

图 2-118　绘制内墙和阳台

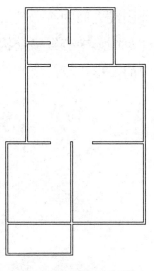

图 2-119　编辑多线

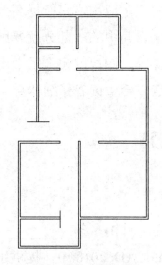

图 2-120　开门洞

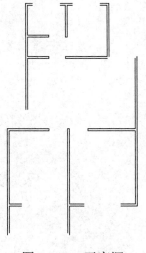

图 2-121　开窗洞

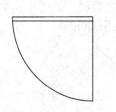

图 2-122　单开门

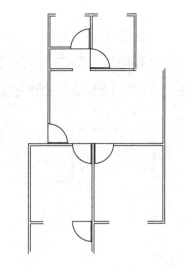

图 2-123　窗户　　　　　　　　　　　图 2-124　插入"单开门"图块

任务总结

　　本任务讲解了一幅建筑图形，主要用到了多线、分解和图块命令。多线命令在建筑相关图形绘制墙线时大量应用，它能提高效率，同时还能保证图线之间的统一性。绘制的多线是一个整体，要编辑其中的一部分就要用到分解命令。在建筑图形中有很多结构相同的内容，如门、窗、楼梯等，图块就派上了大用场。虽然本任务中的图形比较简单，但是包含了建筑图形的基本特点，希望读者仔细体会，熟练应用。

◎ **思考与练习**

1. 填空题

（1）多线是一种由多条＿＿＿＿＿＿＿＿＿＿组成的图形元素。

（2）在 AutoCAD 2018 中，提供了＿＿＿＿＿＿＿、＿＿＿＿＿＿＿、＿＿＿＿＿＿＿、＿＿＿＿＿＿＿四种编辑块的方法。

2. 选择题

（1）以下 4 个命令中，（　　　）是多线命令。

　　A. MLINE　　　　　　　　　B. MEASURE

　　C. PLINE　　　　　　　　　D. DIVIDE

（2）以下 4 个命令中，（　　　）是块的创建命令。

　　A. MEASURE　　　　　　　　B. TRIM

　　C. BLOCK　　　　　　　　　D. ELLIPSE

3. 操作题

绘制如图 2-125 所示的房屋平面模型。

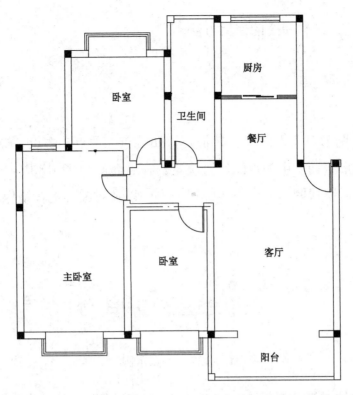

图 2-125　房屋平面模型

任务9　足球模型的绘制与编辑

任务展示

绘制与编辑如图 2-126 所示的足球模型。

图 2-126　足球模型

任务分析

在绘制该模型过程中会用到圆、多边形、图案填充及编辑等命令和夹点的编辑方法。下面就来学习在本模型绘制过程中用到的新知识。

- 掌握夹点的编辑方法

● 掌握图案填充及编辑命令的使用方法

知识准备

1．夹点编辑

所谓夹点指的是图形对象上的一些特征点，如端点、顶点、中点、中心点等，如图 2-127 所示，图形的位置和形状通常由夹点的位置决定。在 AutoCAD 2018 中，夹点是一种集成的编辑模式，利用夹点可以编辑图形的大小、位置、方向以及对图形进行镜像、复制操作等。

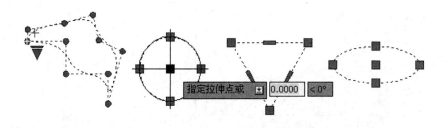

图 2-127　夹点示例

夹点有未激活和被激活两种状态。蓝色小方框显示的夹点处于未激活状态，单击某个未激活夹点，该夹点以红色小方框显示，即处于被激活状态。夹点只有被激活后才能打开夹点编辑功能，包括拉伸、移动、复制、旋转、缩放、镜像等操作，默认是拉伸类型，如图 2-128 所示。

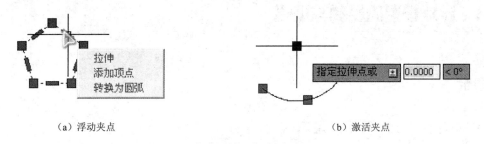

（a）浮动夹点　　　　　　　　　　　　　（b）激活夹点

图 2-128　夹点类型

可通过以下四种方式切换夹点的编辑类型。

● 按空格键切换。

● 按回车键切换。

● 通过鼠标右键菜单进行选择，如图 2-129 所示。

● 直接在命令行中输入 ST（拉伸）、MO（移动）、RO（旋转）、SC（缩放）、MI（镜像）来分别调用夹点编辑功能。

（1）利用夹点拉伸对象

单击某个夹点，进入夹点编辑模式，命令行显示如下：

```
    ** 拉伸 **
    指定拉伸点或 [基点(B)/复制(C)/放弃(U)/退出(X)]：  // 选项"基点（B）"，表示单击的夹点激活后，即
成为对象拉伸时的基点，若选择该项，表示可以重新指定基点；选项"复制（C）"，表示将激活的夹点拉伸到指定点后，
```

会创建一个或多个副本，源对象并不删除，如图2-130所示。

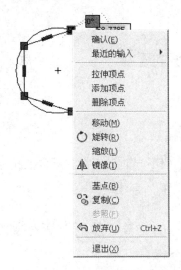

图 2-129　右键菜单选择夹点编辑类型

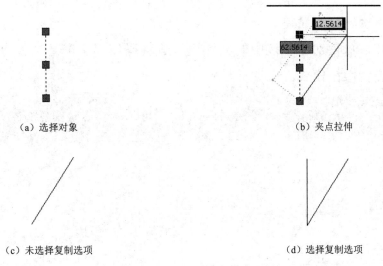

（a）选择对象　　　　　　　　　　　　　　（b）夹点拉伸

（c）未选择复制选项　　　　　　　　　　　（d）选择复制选项

图 2-130　利用夹点拉伸对象

说明：执行夹点拉伸操作时，选择对象不同的夹点，拉伸后的效果也不同，对于一般夹点，执行的是拉伸操作，对于文字、块、直线中点、圆心等夹点，则执行的是移动操作，如图 2-131 所示。

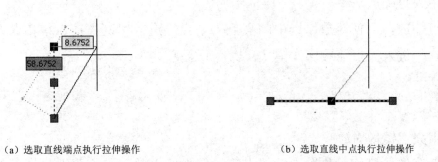

（a）选取直线端点执行拉伸操作　　　　　　　（b）选取直线中点执行拉伸操作

图 2-131　选取不同的夹点得到不同的拉伸效果

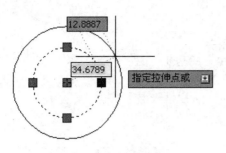 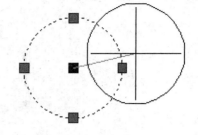

（c）选取圆的象限点执行拉伸操作　　　　　　　（b）选取圆的圆心执行拉伸操作

图 2-131　选取不同的夹点得到不同的拉伸效果（续）

（2）利用夹点移动复制对象

通过夹点移动，可以改变夹点的位置，从而改变对象的位置。单击某个夹点，并按空格键，进入夹点移动操作模式。命令行显示如下：

```
** MOVE **
    指定移动点 或 [基点(B)/复制(C)/放弃(U)/退出(X)]：  // 通过"复制（C）"选项的选择，可以将对象复制多个副本，如图2-132所示。
```

（3）利用夹点旋转复制对象

通过夹点旋转，可使对象绕选中的夹点进行旋转操作。单击某个夹点，并连续按空格键两次，进入夹点旋转操作模式。命令行显示如下：

```
** 旋转 **
    指定旋转角度或 [基点(B)/复制(C)/放弃(U)/参照(R)/退出(X)]：  // 选项"参照（R）"，表示指定相对角度来旋转对象，如图2-133所示。
```

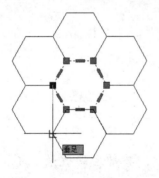 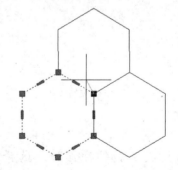

图 2-132　利用夹点移动复制对象　　　　　　图 2-133　利用夹点旋转复制对象

（4）利用夹点缩放对象

通过夹点缩放，可使对象以选中的夹点为基点，进行比例缩放。单击某个夹点，并连续按空格键三次，进入夹点缩放操作模式。命令行显示如下：

```
** 比例缩放 **
    指定比例因子或 [基点(B)/复制(C)/放弃(U)/参照(R)/退出(X)]：  // 比例因子大于1，表示放大对象，比例因子小于1，表示缩小对象，如图2-134所示。
```

（5）利用夹点镜像对象

通过夹点镜像，可使对象以指定的夹点为镜像线上的一点，再选择镜像线上另一个点来镜像对象。单击某个夹点，并连续按空格键四次，进入夹点镜像操作模式。命令行显示如下：

** 镜像 **
指定第二点或 [基点(B)/复制(C)/放弃(U)/退出(X)]： // 指定镜像线上第二个点并按回车键确认，如图 2-135所示。

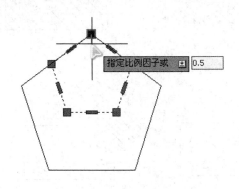

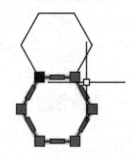

图 2-134　利用夹点缩放对象　　　　图 2-135　利用夹点镜像对象

2. 图案填充

图案填充功能在 AutoCAD 制图中一般用来标识某个区域或者标识部件的组成材质。可以采用以下两种方式执行图案填充命令。

● 直接在命令行输入 HATCH 或者 H，并按回车键确认，根据命令行提示进行操作。

● 在"默认"选项卡下，单击"绘图"功能面板上的"图案填充"命令 。

执行命令后，会打开"图案填充创建"选项卡，如图 2-136 所示。下面对选项卡的部分功能面板进行简单介绍。

图 2-136　"图案填充创建"选项卡

（1）"边界"面板

在该面板上，用户可以通过"拾取点"的方式选择边界内部点进行填充，也可以通过"选择边界对象"的方式直接选择边界对象，以创建图案填充边界。

① "拾取点"方式 。通过拾取填充区域的内部点来填充图案。执行该命令后，当光标停留在某一封闭区域时，该封闭区域会预览填充效果，如图 2-137（a）所示。单击鼠标后，该封闭区域的边界会以虚线形式显示，如图 2-137（b）所示。可以继续拾取点进行其他封闭区域的填充，若不再继续填充，只需按回车键即可完成图案填充命令，如图 2-137（c）所示，同时关闭"图案填充创建"选项卡。

② "选择边界对象"方式 。通过选择边界对象来填充图案。执行该命令后，当光标变成拾取框的形式时，边界对象即可以框选；也可以通过单击鼠标进行选择，如图 2-138 所示。

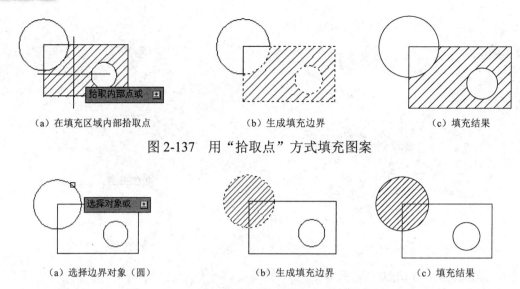

（a）在填充区域内部拾取点　　　　　　（b）生成填充边界　　　　　　　（c）填充结果

图 2-137　用"拾取点"方式填充图案

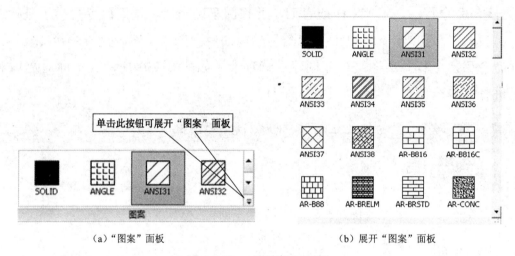

（a）选择边界对象（圆）　　　　　　（b）生成填充边界　　　　　　　（c）填充结果

图 2-138　用"选择边界对象"方式填充图案

（2）"图案"面板

用来设置填充图案的形状，如图 2-139（a）所示。单击右侧的上、下箭头，可在面板中显示不同的图案；单击右下角的箭头，可展开"图案"面板，如图 2-139（b）所示。

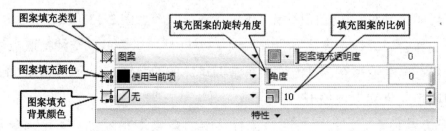

（a）"图案"面板　　　　　　　　　　（b）展开"图案"面板

图 2-139　"图案"面板

（3）"特性"面板

用来设置填充图案的特性，如图 2-140 所示。

图 2-140　"特性"面板

改变旋转角度和填充比例后的效果，如图 2-141 所示。

（4）"原点"面板

在绘图过程中，使用"原点"面板，如图 2-142 所示，用户可以根据实际情况控制图案填充的起始点，如图 2-143 所示图形即为不同原点的填充方式。

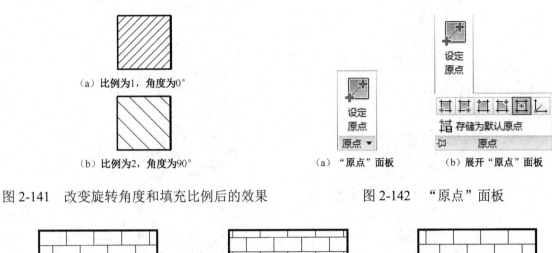

（a）比例为1，角度为0°

（b）比例为2，角度为90°

图 2-141　改变旋转角度和填充比例后的效果

（a）"原点"面板　　（b）展开"原点"面板

图 2-142　"原点"面板

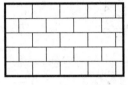

（a）左下角为填充原点

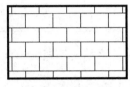

（b）中央为填充原点

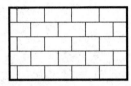

（a）右下角为填充原点

图 2-143　图案填充原点的控制

（5）"选项"面板

该面板用来控制图案填充模式或填充选项，如图 2-144 所示。下面以如图 2-145 所示图形为例，介绍该面板上"关联"填充功能的应用。所谓关联填充，即当用户修改图案填充边界时，填充图案会自动进行更新。

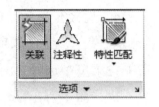

图 2-144　"选项"面板

在设计中，有时一次填充的图案不能满足要求，因此需要对其进行编辑。选择填充图案后，在填充图案上单击鼠标右键，在弹出的快捷菜单中选择"图案填充编辑"命令或者展开"默认"选项卡下的"修改"功能面板，单击"编辑图案填充"命令，选择要编辑的图案后弹出如图 2-146 所示的"图案填充编辑"对话框。该对话框的设置和"图案填充创建"的菜单功能相似，这里不再赘述。

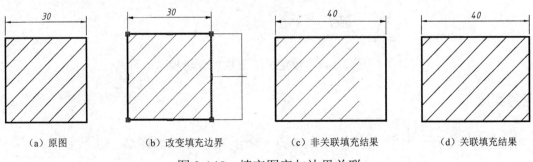

（a）原图　　　　（b）改变填充边界　　　　（c）非关联填充结果　　　　（d）关联填充结果

图 2-145　填充图案与边界关联

图 2-146　"图案填充编辑"对话框

3. 渐变色填充

实际上渐变色填充也是图案填充的一种，该功能可以让用户以渐变色来代替填充图案，绘制方法和图案填充类似。可以采用以下两种方式执行渐变色填充命令。

● 直接在命令行输入 GRADIENT 或者 GD，并按回车键确认。

● 在"默认"选项卡下，单击"绘图"功能面板上的"图案填充"命令右侧的下拉箭头，在下拉菜单中选择"渐变色"命令 。

执行命令后，"图案填充创建"选项卡的"图案""特性"面板均显示和渐变色相关的默认设置。在 AutoCAD 2018 中系统给出了 9 个预定义渐变色填充选项，如图 2-147 所示。

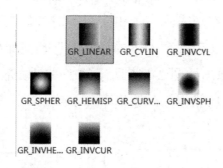

图 2-147　预定义渐变色填充选项

☑ 任务实施

① 绘制正六边形。利用多边形工具绘制一个正六边形，如图 2-148 所示。

② 编辑正六边形。利用夹点工具对绘制的正六边形进行编辑，结果如图 2-149 所示。

③ 绘制圆。利用圆工具绘制一个圆，并调整到适当位置，如图 2-150 所示。

④ 修剪多余的线。结果如图 2-151 所示。

⑤ 图案填充。对其中的三个区域进行填充，最终结果如图 2-126 所示。

图 2-148　绘制正六边形

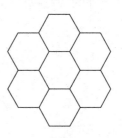

图 2-149　编辑正六边形

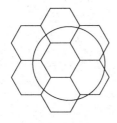

图 2-150　绘制圆

图 2-151　修剪多余的线

任务总结

本任务讲解了一个简单的足球造型。这是一个很有趣味的造型，它看起来不知道怎样下手绘制，但仔细研究其中的图线就可以找寻到一定的方法。通过本任务的操作读者要学会夹点编辑和图案填充两个命令的使用方法。

◎ 思考与练习

1. 填空题

（1）所谓_____指的是图形对象上的一些特征点，如端点、顶点、中点、中心点等。

（2）夹点有_____和_____两种状态。蓝色小方框显示的夹点处于_____状态，夹点只有_____后才能打开夹点编辑功能。

（3）图案填充功能在 AutoCAD 制图中一般用来标识某个区域或者标识部件的_____。

2. 选择题

（1）以下 4 个命令中，（　　）是图案填充命令。

　　A. HATCH　　B. MEASURE　　C. GRADIENT　　D. DIVIDE

（2）所谓关联填充，即当用户修改图案填充边界时，填充图案（　　）自动进行更新。

A．会　　　　B．不会　　　　C．可能会　　　　D．以上都对

3．操作题

绘制如图 2-152 所示的夹点练习模型。

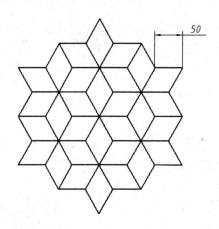

图 2-152　夹点练习模型

任务10　手柄模型的绘制与编辑

 任务展示

绘制与编辑如图 2-153 所示的手柄模型。

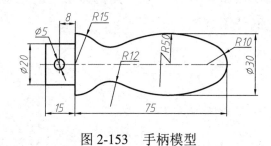

图 2-153　手柄模型

任务分析

通过该模型的制作，熟悉 AutoCAD 中参数化设计的相关知识。下面就来学习在本模型绘制过程中用到的新知识。

- 掌握几何约束的创建与编辑命令的使用方法
- 掌握标注约束的创建与编辑命令的使用方法

知识准备

利用 AutoCAD 的参数化设计，可以通过对图形对象的约束表达自己的设计意图，在

AutoCAD 2018 中常用的约束有两种，即几何约束与标注约束。其中几何约束用来控制图形对象的相对位置关系，标注约束用来控制图形对象的距离、角度等。

1. 几何约束的创建

几何约束可以确定对象之间以及对象上的点与点之间的关系。在参数化绘图时，通常先添加几何约束，确定图形之间的位置关系；再添加标注约束，确定图形的大小及图形之间的距离。几何约束的相关命令位于"参数化"选项卡下的"几何"功能面板上，如图 2-154 所示。下面对"几何"功能面板上的各个命令逐一进行介绍。

图 2-154 "参数化"选项卡

（1）重合约束

执行该命令可将两个点重合，也可将一个点约束在某一条直线上，如图 2-155 所示。执行命令后，重合的点上有个蓝色的方框，表示该点是几个点的重合。操作完成后，命令行显示如下：

```
命令: _GcCoincident
选择第一个点或 [对象(O)/自动约束(A)] <对象>: //选择线。
选择第二个点或 [对象(O)] <对象>: //选择点。
```

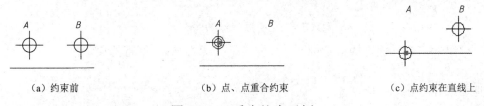

（a）约束前　　　　　（b）点、点重合约束　　　　　（c）点约束在直线上

图 2-155 重合约束示例

说明： 在执行命令后，选择对象的先后顺序不同，执行重合约束后，图元的位置也是不同的。第一次选择对象所在的位置作为基准位置，如图 2-155（b）所示，即为执行命令后，先选择 A 点，再选择 B 点后的结果；如图 2-155（c）所示，即为执行命令后，先选择直线，再选择 A 点后的结果。对于其他几何约束命令也是如此，以下不再单独介绍。

（2）共线约束

该命令可将两条直线置于同一条直线的延长线上。执行命令后，在共线约束的两条直线上，显示共线图标，如图 2-156 所示。

（3）同心约束

执行该命令可使选定的圆、圆弧、椭圆保持同一个中心点，如图 2-157 所示。

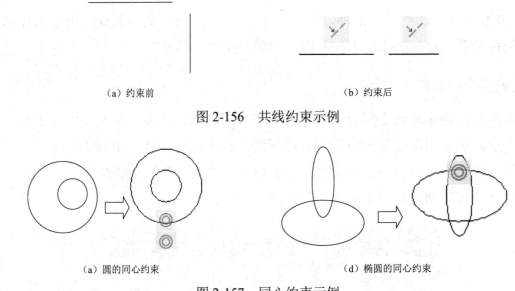

（a）约束前　　　　　　　　　　　　　　　（b）约束后

图 2-156　共线约束示例

（a）圆的同心约束　　　　　　　　　　　　　　（d）椭圆的同心约束

图 2-157　同心约束示例

（4）固定约束 🔒

执行该命令可使选定的几何图元固定到相对于世界坐标系的指定位置和方向上。执行固定约束的图元，不能再进行移动操作，如图 2-158 所示。

（5）平行约束 //

执行该命令可使选定的两条直线保持平行，如图 2-159 所示。

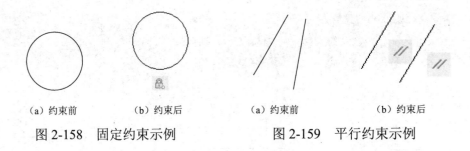

（a）约束前　　　　　（b）约束后　　　　　　（a）约束前　　　　　（b）约束后

图 2-158　固定约束示例　　　　　　图 2-159　平行约束示例

（6）垂直约束 ＜

执行该命令可使选定的两条直线或者多段线保持垂直，如图 2-160 所示。

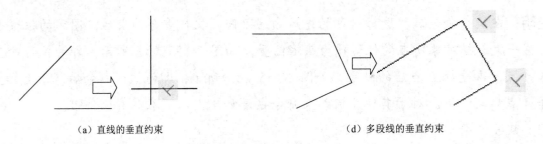

（a）直线的垂直约束　　　　　　　　　　　（d）多段线的垂直约束

图 2-160　垂直约束示例

（7）水平约束 ⚏

执行该命令可使选定的直线或者一对点，与当前的 UCS 的 X 轴保持平行，如图 2-161 所示。

（8）竖直约束 ⫴

执行该命令可使选定的直线或者一对点，与当前的 UCS 的 *Y* 轴保持平行，如图 2-162 所示。

（9）相切约束 ⌀

执行该命令可使选定的直线和曲线或者曲线和曲线保持相切，或者与延长线保持相切，如图 2-163 所示。

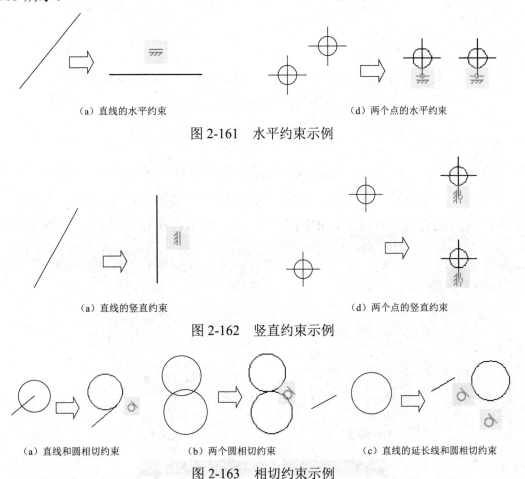

（a）直线的水平约束　　　　　　　　　　　　（d）两个点的水平约束

图 2-161　水平约束示例

（a）直线的竖直约束　　　　　　　　　　　　（d）两个点的竖直约束

图 2-162　竖直约束示例

（a）直线和圆相切约束　　　　（b）两个圆相切约束　　　　（c）直线的延长线和圆相切约束

图 2-163　相切约束示例

（10）平滑约束 ⩕

执行该命令可使选定的样条曲线与其他样条曲线、直线、弧线等彼此相连接，并保持平滑连续，如图 2-164 所示。

（11）对称约束 []

执行该命令可使选定的两个对象关于指定直线对称，如图 2-165 所示。

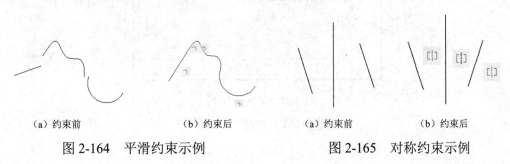

（a）约束前　　　　（b）约束后　　　　　　　（a）约束前　　　　（b）约束后

图 2-164　平滑约束示例　　　　　　　　　图 2-165　对称约束示例

（12）相等约束 **=**

执行该命令可使选定的两条直线具有相等的长度，选定的两个圆或圆弧具有相等的半径，如图 2-166 所示。

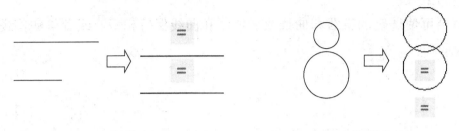

（a）直线相等约束　　　　　　　　　　　（b）圆相等约束

图 2-166　相等约束示例

（13）自动约束

执行该命令可使以前绘制的一组对象，根据需要自动对其进行约束，如图 2-167（a）、（b）所示。可以打开"约束设置"对话框，进入"自动约束"选项卡，通过单击"上移""下移"按钮对自动约束的优先级进行设置，如图 2-167（c）所示。执行命令后，命令行显示如下：

```
命令：_AutoConstrain          // 执行命令。
选择对象或 [设置(S)]:s          // 选择"设置(S)"选项，可以打开"约束设置"对话框。
选择对象：指定对角点：
```

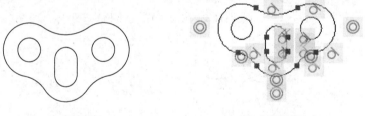

（a）自动约束前　　　　　　　　　　　（b）自动约束后

（c）"约束设置"对话框

图 2-167　自动约束示例

说明：在添加约束时，如果对已经添加的约束进行约束添加时，会弹出如图 2-168（a）所示的警告对话框；如果添加的约束和其他约束发生冲突，也会弹出如图 2-168（b）所示的警告对话框。

（a）重复创建几何约束警告对话框

（b）与现有约束冲突或可能会过约束警告对话框

图 2-168　几何约束警告对话框

2．几何约束的编辑

添加几何约束后，在对象的旁边会出现约束图标，将光标移动到图标或图形对象上，图形对象及约束图标将亮显，并显示约束名称，如图 2-169 所示。对已添加的几何约束可对其进行隐藏、显示、删除、设置等编辑。

（1）全部显示几何约束

执行该命令可将图形中的所有约束显示出来，如图 2-170（b）所示。

（2）全部隐藏几何约束

执行该命令可将图形中的所有约束进行隐藏，如图 2-170（c）所示。

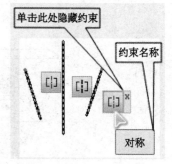

图 2-169　显示几何约束

（3）显示/隐藏几何约束

执行该命令既可隐藏部分几何约束，也可显示部分几何约束。

① 隐藏几何约束。

将光标移动到需要隐藏几何约束的对象上，单击并按回车键确认后，该对象的几何约束亮显，单击鼠标右键，在弹出的快捷菜单中选择"隐藏"命令，即可将几何约束隐藏，如图 2-170（d）所示。

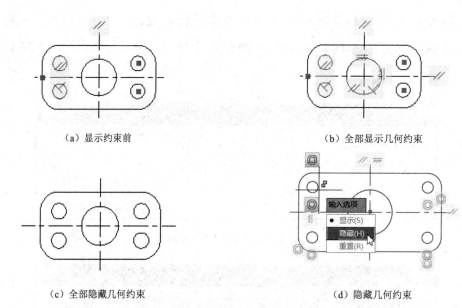

（a）显示约束前   （b）全部显示几何约束

（c）全部隐藏几何约束   （d）隐藏几何约束

图 2-170   几何约束的显示与隐藏

② 显示几何约束。

执行命令后，选择要显示几何约束的图形对象，按回车键确认后，弹出快捷菜单，选择"显示"命令，即可显示图形对象的几何约束，如图 2-171 所示。

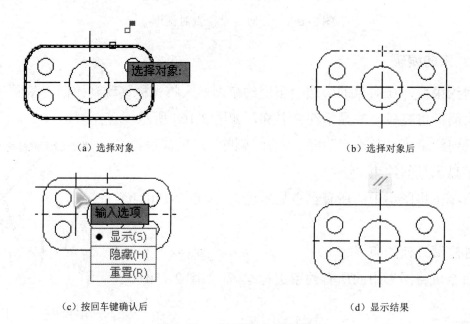

（a）选择对象   （b）选择对象后

（c）按回车键确认后   （d）显示结果

图 2-171   显示部分几何约束

（4）几何约束的删除

几何约束的删除有以下两种情况。

① 删除单个几何约束。

在约束名称上单击鼠标右键，在弹出的快捷菜单中选择"删除"命令即可。

② 删除图形对象的几何约束。

单击"管理"功能面板上的"删除约束"图标 ，根据提示选择图形对象，按回车键确认后，即可将所选图形对象的几何约束删除，如图 2-172 所示。

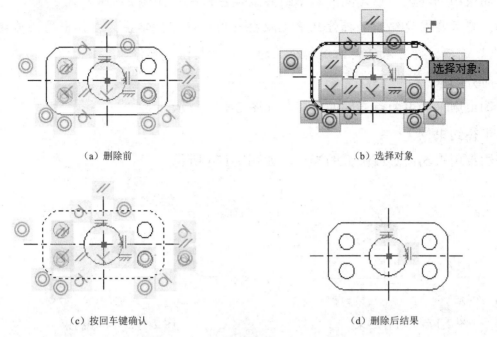

（a）删除前   （b）选择对象

（c）按回车键确认   （d）删除后结果

图 2-172　删除图形对象的几何约束

3．标注约束的创建

标注约束即尺寸约束，用来确定对象、对象上的点之间的距离或角度，也可以确定对象的大小。标注约束的相关命令，位于"参数化"选项卡下的"标注"功能面板上，如图 2-154 所示。在系统默认状态下，标注约束和传统的尺寸标注在表现形式上是有区别的，那就是在标注约束上，有个锁定图标 ，如图 2-173 所示。

（a）传统尺寸标注   （b）标注约束

图 2-173　标注约束和传统尺寸标注的区别

在 AutoCAD 的参数化设计中，几何图元和尺寸之间始终保持一种驱动的关系，即当尺寸发生变化时候，几何图元的形状也跟着发生变化，如图 2-174 所示。

（a）改变尺寸前   （b）改变尺寸后

图 2-174　尺寸驱动

下面对"标注"功能面板上的各个命令分别进行介绍。

（1）线性约束 🔒

线性约束用来约束两点之间的水平距离或竖直距离，如图 2-174 所示。

说明：直接在需要编辑的标注约束上双击或用鼠标右键单击，在弹出的快捷菜单中选择"编辑约束"选项，即可激活文本编辑框，输入新的数值即可修改。

（2）对齐约束 🔒

对齐约束用来约束两点之间的距离，如图 2-175 所示。

（3）半径约束 🔒

半径约束用来约束圆或圆弧的半径，如图 2-176 所示。

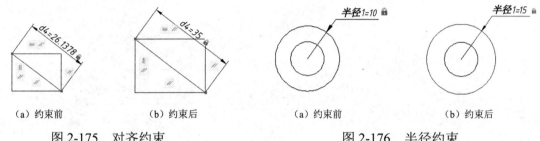

图 2-175　对齐约束　　　　　　　　图 2-176　半径约束

（4）直径约束 🔒

直径约束用来约束圆或圆弧的直径，如图 2-177 所示。

（5）角度约束 🔒

角度约束用来约束直线之间的夹角或者圆弧的包含角，如图 2-178 所示。

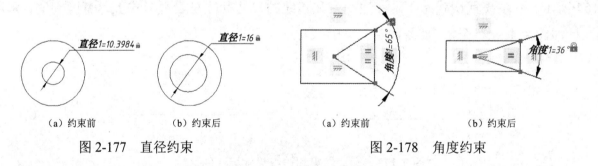

图 2-177　直径约束　　　　　　　　图 2-178　角度约束

（6）转换 🔒

转换命令可将传统的尺寸标注转换为尺寸约束，如图 2-179 所示。

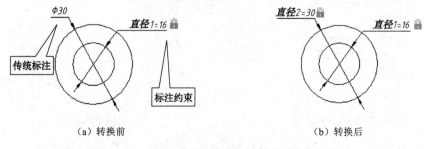

图 2-179　将传统尺寸标注转换为尺寸约束

标注约束的编辑包括约束的显示、隐藏、删除等，与几何约束一样，这里不再赘述。

✅ **任务实施**

① 创建图层。创建"轮廓线""中心线"两个图层，并将"中心线"图层设置为当前图层。

② 绘制中心线。绘制长 90 mm 的中心线。

③ 绘制主体轮廓线。将"轮廓线"图层设置为当前图层，绘制如图 2-180 所示的主体轮廓。

④ 添加约束。

进入"参数化"选项卡，分别添加以下约束。

（a）添加水平约束，为图中所有水平线段添加水平约束，如图 2-181 所示。

（b）添加竖直约束，为图中所有竖直线段添加竖直约束，如图 2-182 所示。

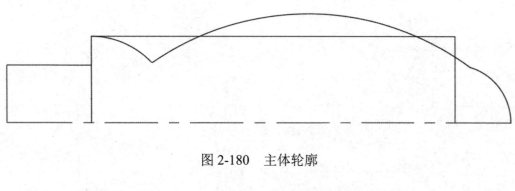

图 2-180　主体轮廓

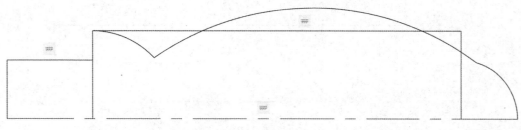

图 2-181　添加水平约束

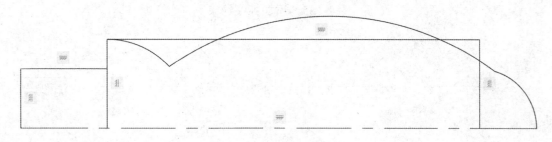

图 2-182　添加竖直约束

（c）添加重合约束，为所有线段和线段连接处、线段和圆弧连接处、圆弧和圆弧连接处、圆心和线段连接处添加重合约束，如图 2-183 所示。

（d）添加相等约束，在 L1 与 L2 之间添加相等约束，如图 2-184 所示。

（e）添加标注约束，如图 2-185 所示。

（f）添加相切约束，在半径 50 圆弧和半径 10 圆弧之间、半径 50 圆弧和长度为 65 mm 的直线段之间添加相切约束，如图 2-186 所示。

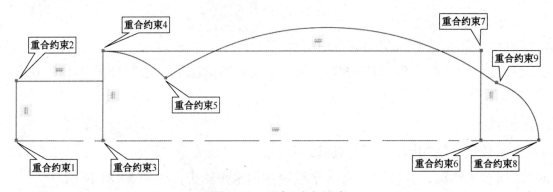

图 2-183　添加重合约束

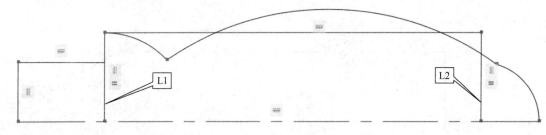

图 2-184　添加相等约束

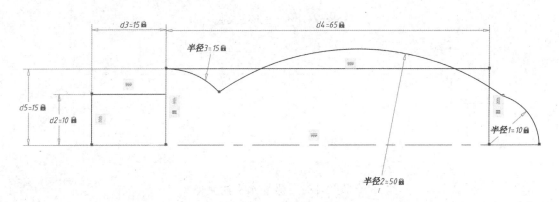

图 2-185　添加标注约束

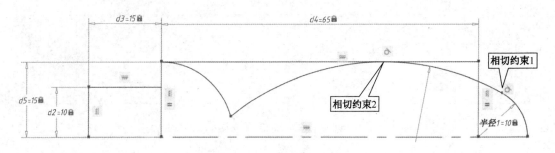

图 2-186　添加相切约束

隐藏所有约束，如图 2-187 所示。

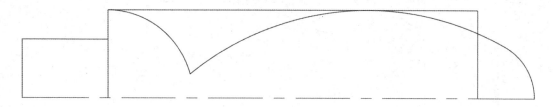

图 2-187　隐藏所有约束

⑤ 圆角。进入"常用"菜单，在半径 50 圆弧和半径 15 圆弧之间添加半径为 12 的圆角，如图 2-188 所示。

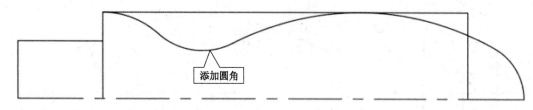

添加圆角

图 2-188　添加圆角

⑥ 删除多余线段。将多余线段删除，如图 2-189 所示。

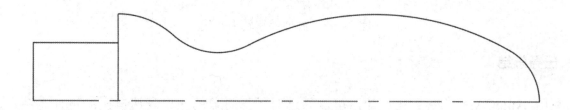

图 2-189　删除多余线段

⑦ 镜像。将所有轮廓线以中心线为中心进行镜像，如图 2-190 所示。

⑧ 绘制圆。绘制直径为 5 mm 的圆，如图 2-191 所示。

⑨ 添加并编辑中心线。将中心线图层设置为当前图层，为上一步绘制的圆添加垂直中心线，然后将水平中心线向两侧各拉长 5 mm，结果如图 2-192 所示。

⑩ 完成后的最终结果如图 2-153 所示。

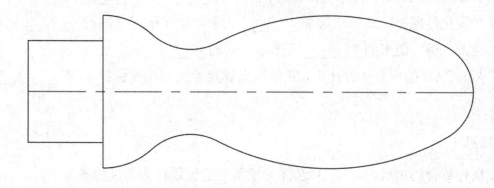

图 2-190　镜像

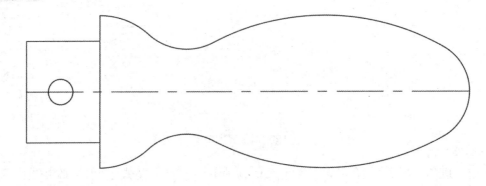

图 2-191　绘制圆

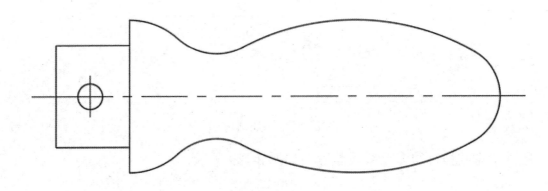

图 2-192　添加并编辑中心线

任务总结

利用 AutoCAD 的参数化设计，可以通过对图形对象的约束表达自己的设计意图，这极大地改变了设计者的思路和方式，也使得设计更加方便。参数化设计是今后 AutoCAD 设计领域的发展趋势，希望读者掌握并能够熟练应用。

◎ 思考与练习

1．填空题

（1）在 AutoCAD 2018 中常用的约束有两种，即_____、_____。

（2）在参数化绘图时，通常先添加_____约束，确定图形之间的_____关系，再添加_____约束，确定图形的_____及图形之间的_____。

（3）在 AutoCAD 的参数化设计中，几何图元和尺寸之间始终保持一种_____的关系。

2．选择题

（1）在执行重合约束后，（　　）选择对象所在的位置作为基准位置。

　　A．第一次　　B．第二次　　　　C．不确定

（2）使选定的直线或者一对点，与当前的 UCS 的 *Y* 轴保持平行应适用（　　）。

A．竖直约束 　　　　　　　B．垂直约束

C．水平约束 　　　　　　　D．平行约束

3．操作题

利用参数化设计，绘制如图 2-193 所示图形。

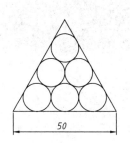 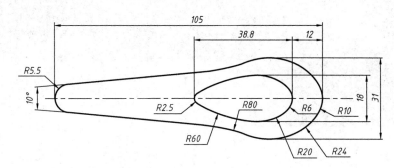

图 2-193　参数化设计练习

模块 3
尺寸标注与数据查询

【学习目标】

- 熟悉尺寸标注样式的设置方法
- 能够熟练创建各种尺寸标注
- 掌握 AutoCAD 中文字工具的使用方法
- 学会利用数据查询工具查询各种参数

　　图纸作为表达产品信息的主要媒介，是设计者与生产制造者交流的载体。因此一张完整的图纸，除了有完整、正确、清晰地表达物体结构形状的图形外，还必须有表示物体大小的尺寸及相应的文字信息，如技术说明等。另外我们还可以从图纸中查询到一些设计参数，如产品的长度、面积等。本模块就来学习 AutoCAD 中有关尺寸标注、文字标注和数据查询等方面的知识。

任务1　手柄模型的尺寸标注

　任务展示

　　完成如图 3-1 所示的手柄模型的尺寸标注。

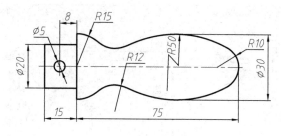

图 3-1　手柄模型

任务分析

通过该模型的尺寸标注，熟悉 AutoCAD 2018 中尺寸标注的相关知识。在标注该模型之前，先来学习本任务中用到的新知识。

- 熟悉尺寸标注样式的设置方法
- 掌握各种尺寸标注命令的使用方法

知识准备

1. 设置尺寸标注样式

尺寸标注样式用来控制尺寸标注各部分组成的格式和外观。由于不同行业对尺寸标注的标准不同，因此在标注尺寸前一般需要对尺寸标注样式进行设置。需要注意的是，尺寸标注是一项极为重要、严肃的工作，必须严格遵守国家相关标准和规范。

如果要定义尺寸标注样式，需要激活标注样式管理器。激活的方法有如下三种。

- 直接在命令行输入 DDIM，并按回车键确认。
- 在"默认"选项卡下，将"注释"功能面板展开，单击"标注样式"文本框前面的命令图标 ，如图 3-2（a）所示。
- 在"注释"选项卡下，单击"标注"功能面板上的图标 ，如图 3-2（b）所示。

激活命令后，弹出"标注样式管理器"对话框，如图 3-2（c）所示。若采用以 Acadiso.dwt 为样板文件建立的图形文件，则在"标注样式管理器"的"样式"列表框中有"Annotative""ISO-25"和"Standard"三个标注样式，"ISO"是国际标准，"Standard"是 CAD 自带的标注标准，"Annotative"为注释性标注样式，我国国标（GB）的规范与 ISO 类似，所以创建新样式多以"ISO-25"为基础进行修改。

（a）"默认"选项卡下激活标注样式管理器

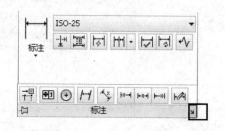

（b）"注释"选项卡下激活标注样式管理器

图 3-2　标注样式

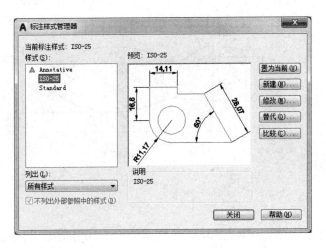

（c）"标注样式管理器"对话框

图 3-2　标注样式（续）

　　在"标注样式管理器"对话框中，单击"新建"按钮 新建(N)...，弹出"创建新标注样式"对话框，如图 3-3 所示，在"新样式名"文本框中，输入需要的名称，这里不再修改，单击"继续"按钮，打开"新建标注样式：副本 ISO-25"对话框，如图 3-4 所示。在该对话框中有七个选项卡，下面分别介绍。

图 3-3　"创建新标注样式"对话框

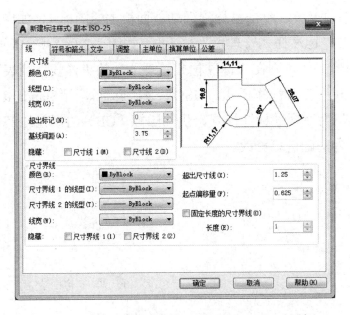

图 3-4　"新建标注样式：副本 ISO-25"对话框

（1）"线"选项卡

利用该选项卡可以设置尺寸线和尺寸界线的颜色、线型、线宽等参数，如图 3-4 所示。选项卡中，部分选项含义如图 3-5 所示。下面只对其中的几项进行说明。

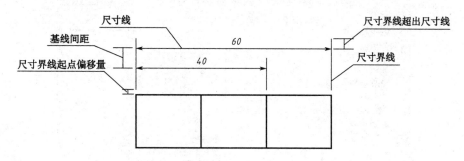

图 3-5　"线"选项卡中各项含义标示

① 尺寸线超出标记：设置当尺寸线的箭头采用斜线、建筑标记、小点、积分或无标记时，尺寸线超出尺寸界线的长度，如图 3-6 所示。

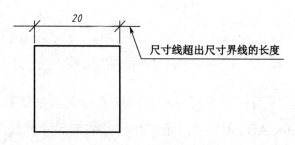

图 3-6　尺寸线超出标记（长度 3）

② 隐藏：设置隐藏尺寸线或尺寸界线，"尺寸线 1" 即靠近尺寸界线第 1 个起点的半个尺寸线，尺寸线 2 即靠近尺寸界线第 2 个起点的半个尺寸线，如图 3-7 所示。

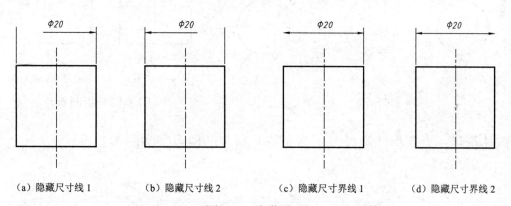

（a）隐藏尺寸线 1　　（b）隐藏尺寸线 2　　（c）隐藏尺寸界线 1　　（d）隐藏尺寸界线 2

图 3-7　隐藏选项

（2）"符号和箭头"选项卡

该选项卡用来设置箭头大小、圆心标记、折断标注、弧长符号、半径折弯标注和线性折弯标注方面的格式，如图 3-8 所示。

① 箭头：该选项区可以设置尺寸线和快速引线标注中箭头的形状和大小。机械类制图标

注中，箭头种类一般选实心闭合，大小一般设置为 3；建筑类制图标注中，箭头种类一般选建筑标记，大小一般设置为200。

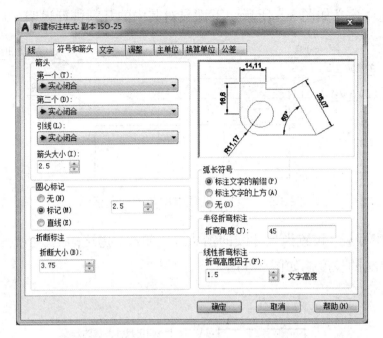

图 3-8　"符号和箭头"选项卡

② 圆心标记：该选项区可以设置尺寸标注中圆心标记的格式和大小，如图 3-9 所示。

③ 折断标注：在 AutoCAD 2018 中，允许在尺寸线或尺寸界线与其他线的交汇处打断尺寸线或尺寸界线，折断大小即为折断的距离，如图 3-10 所示。

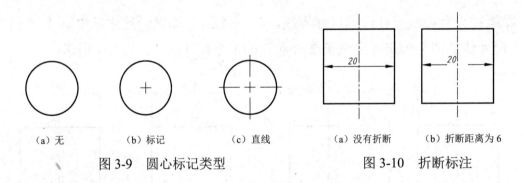

(a) 无　　　　(b) 标记　　　　(c) 直线　　　　(a) 没有折断　　(b) 折断距离为6

图 3-9　圆心标记类型　　　　　　　图 3-10　折断标注

④ 弧长符号：设置标注圆弧时，弧长符号所在的位置，如图 3-11 所示。

(a) 标注文字的前缀　　　　　(b) 标注文字的上方　　　　　(c) 无

图 3-11　弧长符号标注

⑤ 折弯角度：设置当采用半径折弯标注时，尺寸界线和尺寸线之间的连接线与尺寸界线之间的角度，如图 3-12 所示。

⑥ 线性折弯标注：设置线性标注折弯的高度，该值等于折弯高度因子和文字高度值的乘积。例如，文字高度值为3，折弯高度因子为2的折弯高度，如图3-13所示。

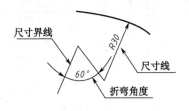

图3-12　折弯角度（60°）

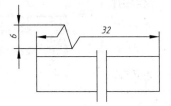

图3-13　线性折弯标注

（3）"文字"选项卡

该选项卡用来设置文字的外观、文字的位置以及文字的对齐方式，如图3-14所示。

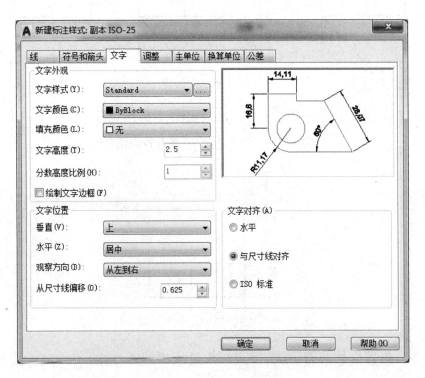

图3-14　"文字"选项卡

① 文字外观：该选项区可以设置尺寸标注时文字的样式、颜色、高度等内容。

② 文字位置：

● 垂直：设置尺寸数字相对尺寸线的垂直位置，如图3-15（a）所示。其中JIS为日本工业标准，另外四种方式应用效果如图3-15（b）、（c）、（d）、（e）所示。

● 水平：设置尺寸数字在尺寸线上相对尺寸界线的水平位置，一般居中即可。

● 观察方向：设置标注文字的观察方向，选择默认的"从左到右"即可。

● 从尺寸线偏移：设置尺寸数字与尺寸线之间的距离，如图3-16所示。

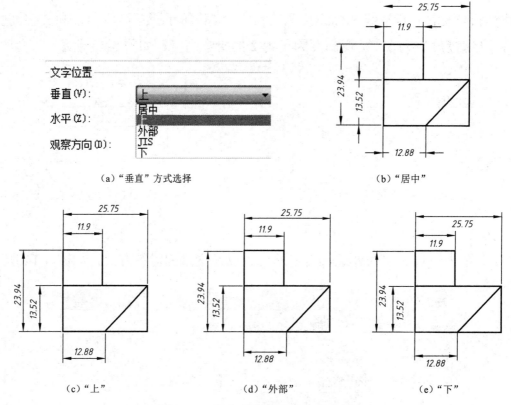

（a）"垂直"方式选择　　　　　　　　　　　　（b）"居中"

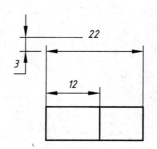（待整理）

（c）"上"　　　　　　　　　（d）"外部"　　　　　　　　　（e）"下"

图 3-15　文字位置-垂直方式应用

图 3-16　从尺寸线偏移（距离 3）

③ 文字对齐：设置文字放置方式，"水平"是水平放置文字，"与尺寸线对齐"是文字与尺寸线对齐；"ISO 标准"是当文字在尺寸界线内时，文字与尺寸线对齐，当文字在尺寸界线外时，文字水平排列，如图 3-17 所示。

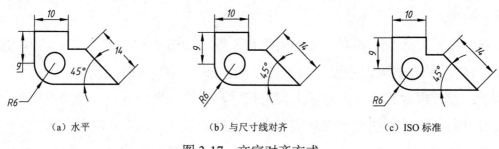

（a）水平　　　　　　　　　（b）与尺寸线对齐　　　　　　　　　（c）ISO 标准

图 3-17　文字对齐方式

（4）"调整"选项卡

该选项卡可以调整尺寸文字、箭头、引线和尺寸线的位置，有调整选项、文字位置、标注特征比例和优化四个选项区，如图 3-18 所示。

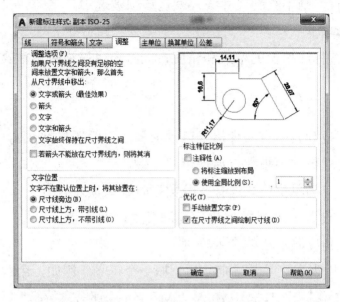

图 3-18 "调整"选项卡

① 调整选项：设置尺寸界线距离过小时文字和箭头位置的方式，如图 3-19 所示。

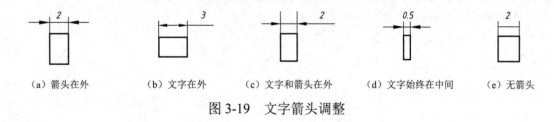

（a）箭头在外 （b）文字在外 （c）文字和箭头在外 （d）文字始终在中间 （e）无箭头

图 3-19 文字箭头调整

② 文字位置：设置尺寸界线间距过小时尺寸文字的位置，如图 3-20 所示。

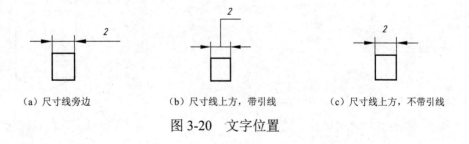

（a）尺寸线旁边 （b）尺寸线上方，带引线 （c）尺寸线上方，不带引线

图 3-20 文字位置

③ 标注特征比例：

● 注释性：可以将该标注定义成可注释对象。

将标注缩放到布局：表示可根据模型空间的比例设置标注比例。

使用全局比例：表示按照指定的尺寸标注比例进行标注。例如，标注文字的高度为 3，比例因子设为 2，则标注时字高为 6。

④ 优化：

● 手动放置文字：选择该项，在标注时允许用户自行指定尺寸文字放置的位置。

● 在尺寸界线之间绘制尺寸线：选择该项，表示总在尺寸界线之间绘制尺寸线，当箭头移至尺寸界线之外时，则不绘制尺寸线，默认该项被选中。

（5）"主单位"选项卡

该选项卡用来设置标注单位的格式和精度，同时还可以设置标注文字的前缀和后缀，如图 3-21 所示。

① 线性标注：

● 单位格式：下拉列表中有六种格式可供选择，一般选择默认的"小数"即可。

● 精度：设置尺寸数字中小数点后保留的位数。

● 分数格式：只有当单位格式选择"分数"时，该项才有效。

● 小数分隔符：设置十进制中小数分割符形式，默认是"逗号"。

● 舍入：设置非角度测量值的舍入规则。

● 前（后）缀：用来在尺寸数字前（后）加一个符号。例如，用线性尺寸标注"*M12 ×1*"时，除了在"前缀"文本框中输入"M"外，还需要在"后缀"文本框中输入"\U+00d71"，其中"\U+00d7"是"×"的代码，如图 3-22 所示。

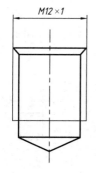

图 3-21　"主单位"选项卡　　　　图 3-22　具有前、后缀的线性标注

② 测量单位比例：

● 比例因子：设置线性测量值的比例因子。例如，绘图比例为 1：2，在这里输入比例因子 2，AutoCAD 将把测量值扩大 2 倍，使用真实的尺寸数值进行标注。

仅应用到布局标注：选择该项，表示比例因子仅用于布局中的尺寸标注。

③ 消零：用来控制前导零和后续零是否显示，如图 3-23 所示。

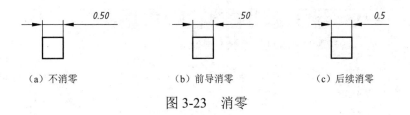

图 3-23 消零

④ 角度标注：单位格式有四种角度格式可供选择，如图 3-24 所示。

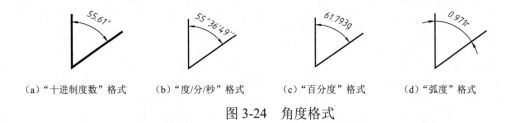

图 3-24 角度格式

（6）"换算单位"选项卡

用户只有在勾选"显示换算单位"选项后，该选项卡下各项才有效，如图 3-25 所示。该选项卡可以将所有标注尺寸同时标注上公制和英制的尺寸，方便不同国家的工程人员在公制、英制图纸之间进行交流，这里保持默认设置即可。

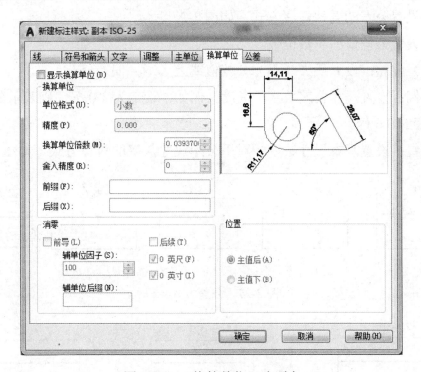

图 3-25 "换算单位"选项卡

（7）"公差"选项卡

该选项卡可以控制标注文字中公差的显示格式，如图 3-26 所示。

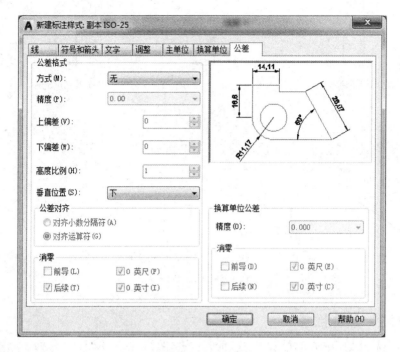

图 3-26 “公差”选项卡

① 公差格式：

- 方式：设置公差的五种标注方式，如图 3-27 所示。
- 精度：设置公差值的小数位数。
- 上（下）偏差：设置最大（小）公差值或上（下）偏差值。
- 高度比例：设置尺寸公差数字的高度。例如，设定为“0.6”，则表示公差数字的高度是基本数字高度的 0.6 倍。
- 垂直位置：设置基本尺寸数字相对于公差尺寸数字的对齐方式，如图 3-28 所示。

（a）无　（b）对称　（c）极限偏差　（d）极限尺寸　（e）基本尺寸

图 3-27 公差方式示例

（a）“上”部对齐　（b）“中”部对齐　（c）“下”部对齐

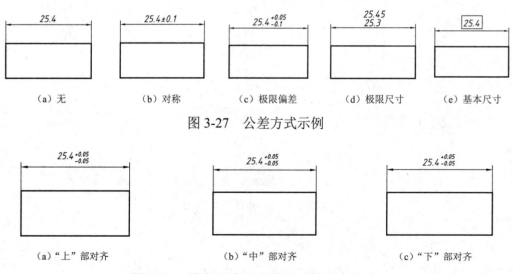

图 3-28 基本尺寸和公差尺寸的对齐方式

② 公差对齐：设置公差堆叠时的对齐方式，有对齐小数分隔符和对齐运算符两种方式，如图 3-29 所示。

(a) 对齐小数分隔符　　　　　　　(b) 对齐运算符

图 3-29　公差对齐方式

　　设置好尺寸标注样式后，在"标注样式管理器"对话框中，选择设置好的样式，单击"置为当前"按钮，在图形中标注尺寸时，即使用该样式进行标注。

　　设置好的尺寸样式也可以修改，在"标注样式管理器"对话框中，选择需要修改的样式，单击"修改"按钮，弹出"修改标注样式"对话框，内容与新建样式对话框内容一样。修改标注样式后，图形中按照该样式标注的尺寸都将自动更新。

2. 尺寸标注

　　使用标注工具标注尺寸时，应打开对象捕捉和极轴追踪功能，这样可准确、快速地进行尺寸标注。

　　打开尺寸标注工具的菜单有以下两种方法。

　　● 在"默认"选项卡下的"注释"功能面板上，单击线性图标 上的下拉箭头，展开常用尺寸标注工具菜单，如图3-30（a）所示。

　　● 在"注释"选项卡下的"标注"功能面板上，单击标注图标 上的下拉箭头，展开常用尺寸标注工具菜单，如图3-30（b）所示。

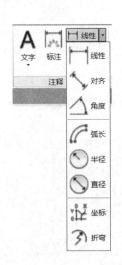

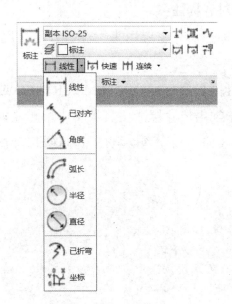

（a）"注释"功能面板上常用尺寸标注工具菜单　　　（b）"标注"功能面板上常用尺寸标注工具菜单

图 3-30　常用尺寸标注菜单

（1）线性标注 ⊢

　　线性标注命令主要用来标注水平或垂直的线性尺寸，可以采用以下两种方式执行线性标注命令。

　　● 直接在命令行输入 DIMLINEAR 或者 DLI，并按回车键确认。

● 在常用尺寸标注工具菜单中，单击线性标注命令 ⊢⊣ 。

下面以如图 3-31 所示图形为例，介绍线性尺寸标注的使用方法。标注线 *AC* 的尺寸时，命令行显示如下：

```
命令：_dimlinear
指定第一个尺寸界线原点或 <选择对象>： // 捕捉A点。
指定第二条尺寸界线原点：        // 捕捉C点。
指定尺寸线位置或
[多行文字(M)/文字(T)/角度(A)/水平(H)/垂直(V)/旋转(R)]：r     //选项"多行文字(M)"，表示在文
字编辑器中可以输入多行文字作为尺寸文字，也可以输入尺寸数字和文字相结合的内容；选项"文字(T)"，表示在文字编
辑器中可以输入单行文字作为尺寸文字；选项"角度(A)"，表示设置尺寸文字的旋转角度，使文字倾斜；选项"水平(H)"，
表示尺寸线水平标注；选项"垂直(V)"，表示尺寸线垂直标注；选项"旋转(R)"，表示尺寸线与水平线所成的夹角。
标注文字 = 30
```

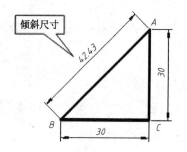

图 3-31　线性标注与对齐标注

（2）对齐标注 ⬉

对齐标注命令主要用来标注有一定角度倾斜的尺寸。可采用以下两种方式执行对齐标注命令。

● 直接在命令行输入 DIMALIGNED 或 DAL，并按回车键确认。

● 在常用尺寸标注工具菜单中，单击对齐标注命令 ⬉ 。

如图 3-31 所示，斜线 *AB* 的倾斜尺寸就可以用对齐标注的方法进行标注，命令行显示如下：

```
命令：_dimaligned
指定第一个尺寸界线原点或 <选择对象>：      // 捕捉A点。
指定第二条尺寸界线原点：             // 捕捉B点。
指定尺寸线位置或
[多行文字(M)/文字(T)/角度(A)]：
标注文字 = 42.43
```

（3）角度标注 △

角度标注命令主要用来标注两条不平行直线之间的夹角。可以采用以下两种方式执行角度标注命令。

● 直接在命令行输入 DIMANGULAR 或者 DAN，并按回车键确认。

● 在常用尺寸标注工具菜单中，单击角度标注命令 △ 。

执行命令后，根据命令行提示，先后选择组成角的两条边，然后指定标注角度的位置即可，如图3-32所示。

（4）弧长标注

弧长标注命令用来标注弧线段或多段线圆弧段的长度。可以采用以下两种方式执行弧长标注命令。

- 直接在命令行输入 DIMARC，并按回车键确认。
- 在常用尺寸标注工具菜单中，单击弧长标注命令 ⌒。

图3-32 直线间的角度标注

操作完成后，命令行显示如下：

```
命令: _dimarc          // 执行命令。
选择弧线段或多段线圆弧:       // 选择圆弧。
指定弧长标注位置或 [多行文字(M)/文字(T)/角度(A)/部分(P)/引线(L)]:    // 指定弧长标注的位置，如
图3-33（a）所示；若选择"部分(P)"选项，则表示标注部分圆弧的弧长，如图3-33（b）所示；若选择"引线(L)"选
项，则表示采用引线方式标注圆弧，如图3-33（c）所示。
标注文字 = 52.8
```

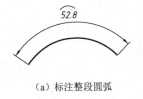
（a）标注整段圆弧

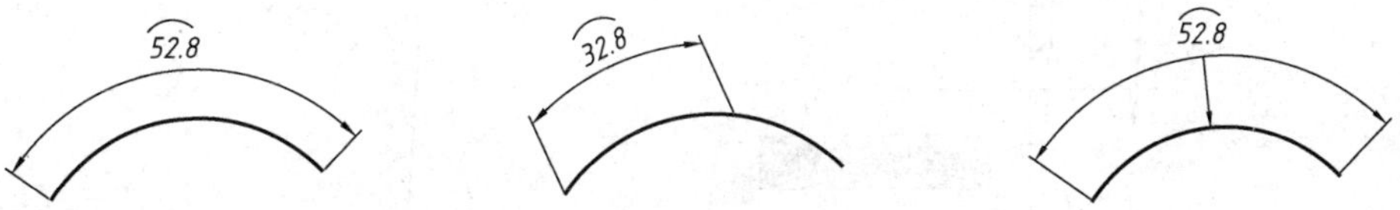

（b）标注部分圆弧

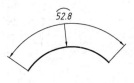
（c）引线方式标注圆弧

图3-33 弧长标注

（5）半径/直径标注 ⊘/⊘

半径标注命令用来标注圆或者圆弧的半径。可以采用以下两种方式执行半径标注命令。

- 直接在命令行输入 DIMRADIUS 或者 DRA，并按回车键确认。
- 在常用尺寸标注工具菜单中，单击半径标注命令 ⊘。

执行命令后，根据命令行提示，单击要标注的圆或者圆弧，然后引导光标到指定位置后，单击鼠标即可。

直径标注命令用来标注圆或者圆弧的直径。可以采用以下两种方式执行直径标注命令。

- 直接在命令行输入 DIMDIAMETER 或者 DDI，并按回车键确认。
- 在常用尺寸标注工具菜单中，单击直径标注命令 ⊘。

标注方法同半径标注。

（6）折弯标注 ⌒

折弯标注用来对大圆弧进行标注，如图3-34所示。可以采用以下两种方式执行折弯标注命令。

- 直接在命令行输入 DIMJOGGED 或者 DJO，并按回车键确认。
- 在常用尺寸标注工具菜单中，单击折弯标注命令 ⌒。

操作完成后，命令行显示如下：

```
_dimjogged
```

选择圆弧或圆：   //提示选择圆弧，如图3-34（a）所示。
指定图示中心位置：   //即尺寸界线的起点，如图3-34（b）所示（捕捉A点）。
标注文字 = 38.95
指定尺寸线位置或 [多行文字(M)/文字(T)/角度(A)]：   //如图3-34（c）所示（捕捉B点）。
指定折弯位置： //如图3-34（d）所示（捕捉C点）。

最后结果如图 3-34（e）所示。

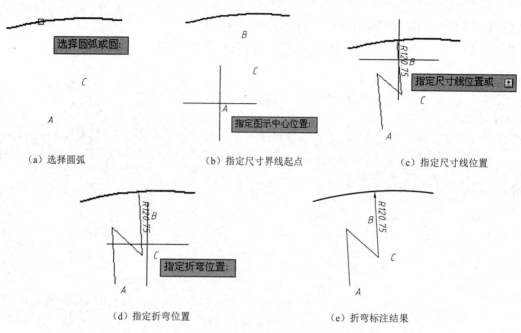

（a）选择圆弧　　　　（b）指定尺寸界线起点　　　　（c）指定尺寸线位置

（d）指定折弯位置　　　　　　（e）折弯标注结果

图 3-34　折弯标注

（7）基线标注

利用基线标注可标注由同一个基准引出的一系列尺寸，如图 3-35 所示。采用基线标注必须有一个已完成的标注作为标注的基准。可以采用以下两种方式激活基线标注命令。

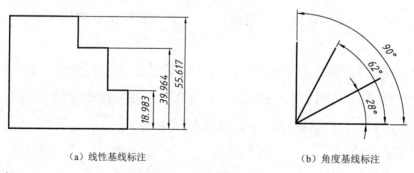

（a）线性基线标注　　　　　　（b）角度基线标注

图 3-35　基线标注示例

● 直接在命令行输入 DIMBASELINE 或者 DIMBASE，并按回车键确认。
● 在"注释"选项卡下，单击"标注"功能面板上的基线标注命令 ，如图 3-36 所示。

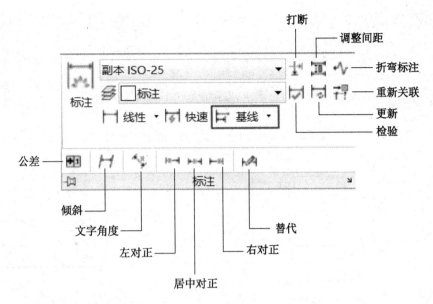

图 3-36　展开的"标注"功能面板

激活命令后，根据命令行提示进行操作，结果如图 3-37 所示，命令行显示如下：

```
命令：_dimbaseline            // 执行命令。
选择基准标注：// 选择如图3-37（a）所示的左尺寸界线。
指定第二条尺寸界线原点或 [放弃(U)/选择(S)] <选择>:          // 捕捉C点；选项"选择(S)"，表示重新选
择基准线。
标注文字 = 30
指定第二条尺寸界线原点或 [放弃(U)/选择(S)] <选择>:          // 捕捉D点。
标注文字 = 50
指定第二条尺寸界线原点或 [放弃(U)/选择(S)] <选择>:          // 捕捉E点。
标注文字 = 65
指定第二条尺寸界线原点或 [放弃(U)/选择(S)] <选择>:    // 按回车键结束，结果如图3-37（b）所示。
```

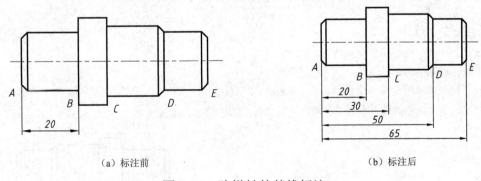

（a）标注前　　　　　　　　　　　　　　　（b）标注后

图 3-37　阶梯轴的基线标注

（8）连续标注　⊢⊢⊢

连续标注可用来标注首尾相接的一系列尺寸，如图 3-38 所示。采用连续标注，也必须有一个已完成的标注作为标注的基准。可以采用以下两种方式激活连续标注命令。

● 直接在命令行输入 DIMCONTINUE 或 DIMCONT，并按回车键确认。

● 在"注释"选项卡下，单击"标注"功能面板上的连续标注命令　⊢⊢⊢　。

激活命令后，根据命令行提示进行操作，结果如图 3-38（a）所示，命令行显示如下：

命令：_dimcontinue
选择连续标注：// 执行命令。
指定第二个尺寸界线原点或 [放弃(U)/选择(S)]<选择>：// 先选择图3-38(a) 中的右尺寸界线，再捕捉C点。
标注文字 = 10
指定第二个尺寸界线原点或 [放弃(U)/选择(S)]<选择>：// 捕捉D点。
标注文字 = 20
指定第二个尺寸界线原点或 [放弃(U)/选择(S)] <选择>：// 按回车键结束，结果如图3-38(a)所示。

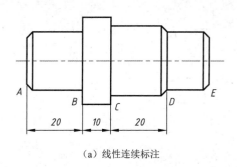

（a）线性连续标注　　　　　　　　　（b）角度连续标注

图 3-38　连续标注示例

（9）快速标注

快速标注可以为一系列的连续尺寸或并列尺寸，或者一系列的圆或圆弧创建标注。可以采用以下两种方式激活快速标注命令。

● 直接在命令行输入 QDIM，并按回车键确认。

● 在"注释"选项卡下，单击"标注"功能面板上的快速标注命令　。

激活命令后，根据命令行提示进行操作，选择要标注的几何图形，按回车键确认，引导尺寸线到适当位置后，单击鼠标即可。

① 连续标注：如图 3-39 所示。操作完成后，命令行显示如下：

命令：_qdim
关联标注优先级 = 端点
选择要标注的几何图形：指定对角点：找到 9 个
选择要标注的几何图形：
指定尺寸线位置或 [连续(C)/并列(S)/基线(B)/坐标(O)/半径(R)/直径(D)/基准点(P)/编辑(E)/设置(T)]
<连续>：　// 确保是在"连续"选项的前提下，指定尺寸线位置。

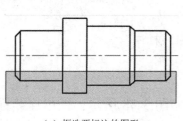

（a）框选要标注的图形

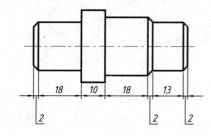

（b）标注后

图 3-39　快速连续标注

② 并列标注：如图 3-40 所示。操作完成后，命令行显示如下：

命令：_qdim
关联标注优先级 = 端点

选择要标注的几何图形：指定对角点：找到 21 个
选择要标注的几何图形：
指定尺寸线位置或 [连续(C)/并列(S)/基线(B)/坐标(O)/半径(R)/直径(D)/基准点(P)/编辑(E)/设置(T)]
<并列>：　　// 确保是在"并列"选项的前提下，指定尺寸线位置。

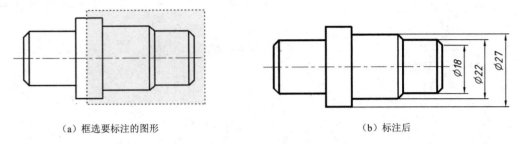

（a）框选要标注的图形　　　　　　　　　（b）标注后

图 3-40　快速并列标注

（10）多重引线标注

在制图中，有些尺寸如倒角、文字注释、文字说明等，需要用引线来标注。在 AutoCAD 中的多重引线标注功能，可以完成这样的工作。

可以采用以下三种方法激活多重引线标注命令。

● 直接在命令行输入 MLEADER，并按回车键确认。

● 在"默认"选项卡下的"注释"功能面板上，单击"引线"命令 ⌁，如图 3-41（a）所示；

● 在"注释"选项卡下的"引线"功能面板上，单击"多重引线"命令，如图 3-41（b）所示。

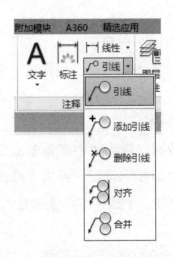

（a）从"注释"功能面板上激活　　　　　　（b）从"引线"功能面板上激活

图 3-41　"多重引线"命令的激活方法

执行命令后，命令行显示如下：

命令：_mleader
指定引线箭头的位置或 [引线基线优先(L)/内容优先(C)/选项(O)] <选项>：
指定引线基线的位置：　　　　　//指定添加注释的位置，如图3-42（a）所示，指定后输入注释的内容，如图3-42（b）所示，完成后如图3-42（c）所示。

补充：45° 倒角的标注

利用上述方法标注 45° 倒角的效果，如图 3-43（a）所示，此种方式标注的不标准，需要对多重引线标注样式进行设置。

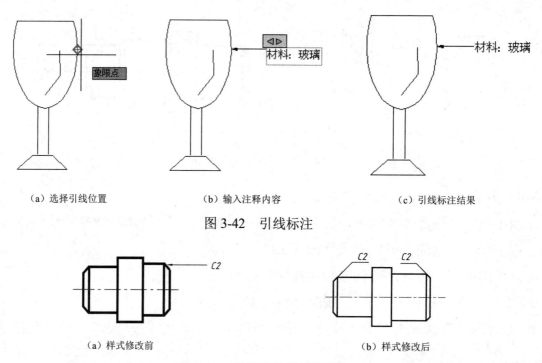

（a）选择引线位置　　　　（b）输入注释内容　　　　（c）引线标注结果

图 3-42　引线标注

（a）样式修改前　　　　　　　　（b）样式修改后

图 3-43　利用引线标注倒角

设置多重引线的标注样式，可在如图 3-44 所示"多重引线样式管理器"中进行设置。打开该窗口的方法有以下三种。

● 在命令行输入 MLEADERSTYLE 或者 MLS，并按回车键确认。

● 在"默认"选项卡下，将"注释"功能面板展开，单击"多重引线样式"文本框前面的命令图标 🪣。

● 在"注释"选项卡下，单击"引线"功能面板上的图标 ↘。

在"多重引线样式管理器"对话框中单击"新建"按钮，弹出"创建新多重引线样式"对话框，输入新样式名"倒角"，如图 3-45 所示，单击"继续"按钮，弹出"修改多重引线样式：倒角"对话框，如图 3-46（a）所示。在该对话框中有三个选项卡，分别是"引线格式""引线结构""内容"，下面分别介绍。

① "引线格式"选项卡。在该选项卡中，可以对引线的类型、颜色、线型、线宽、箭头符号类型及大小、引线的打断大小进行设置。由于倒角标注不需要箭头，因此这里箭头符号选择"无"，如图 3-46（a）所示。

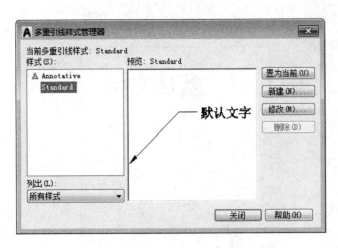

图 3-44 "多重引线样式管理器"对话框   图 3-45 "创建新多重引线样式"对话框

② "引线结构"选项卡。在该选项卡中，可以对引线的点数、第一段角度、第二段角度、是否自动包含基线、基线距离及注释性进行设置。这里选择"第一段角度"选项，并设置其角度为 45°，如图 3-46（b）所示。

③ "内容"选项卡。在该选项卡中，可以对文字的样式、角度、颜色、高度、引线连接等进行设置，如图 3-46（c）所示。

设置完成后，单击"确定"按钮，返回"多重引线样式管理器"对话框，选择新建的倒角样式，单击"置为当前"按钮，完成后单击"关闭"按钮。此时再标注图 3-43 所示图形的倒角，效果如图 3-43（b）所示。

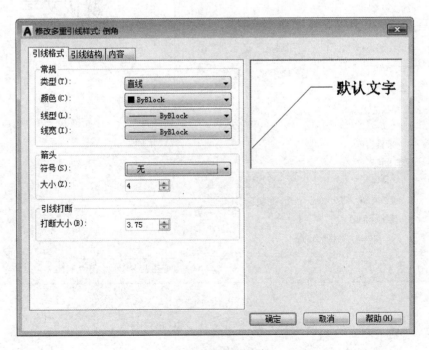

（a）"引线格式"选项卡

图 3-46 多重引线样式设置

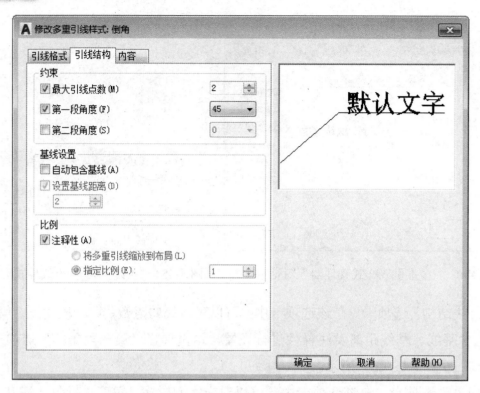

（b）"引线结构"选项卡

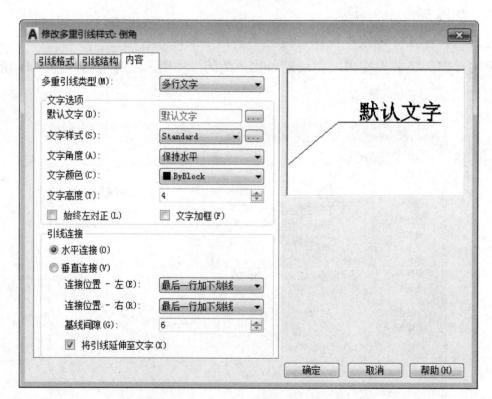

（c）"内容"选项卡

图 3-46　多重引线样式设置（续）

任务实施

① 打开文件。启动 AutoCAD 2018，打开数字资料包中"模块 3\任务 1\手柄.dwg"文件。

② 设置尺寸标注样式。按照前面所学内容，创建名称为"GB-机械制图"的尺寸标注样式，具体设置如下：

（a）在"线"选项卡中："基线间距"设置为6，"超出尺寸线"设置为2，"起点偏移量"设置为1，其他保持默认设置。

（b）在"符号和箭头"选项卡中："箭头大小"设置为3，"折弯高度因子"设置为3，"折断大小"设置为3，"弧长符号"选择"标注文字的上方"，其他保持默认设置。

（c）在"文字"选项卡中："文字样式"设置为"工程"，"文字高度"设置为5，"从尺寸线偏移"设置为1，"文字对齐"设置为"ISO标准"，其他保持默认设置。

（d）在"调整"选项卡中："文字位置"设置为"尺寸线上方，带引线"，其他保持默认设置。

（e）在"主单位"选项卡中："精度"设置为0.00，"小数分隔符"设置为"句点"，其他保持默认设置。

（f）在"公差"选项卡中："方式"选择"无"，其他保持默认设置。

（g）设置完毕，单击"确定"按钮，返回到"多重引线样式管理器"对话框，将"GB-机械制图"样式"置为当前"。

③ 线性标注。利用线性标注命令，标注如图3-47（a）所示尺寸。

④ 编辑线性标注。双击测量值为20的尺寸标注，将标注置于编辑状态，并自动打开文字编辑器功能菜单，如图3-47（b）所示。在"插入"工具面板上，单击"符号"图标 上的下拉箭头，选择"直径 %%c"，如图3-47（c）所示。然后在编辑框外单击，完成标注尺寸的编辑。

重复操作，完成测量值为30的尺寸标注编辑，结果如图3-47（d）所示。

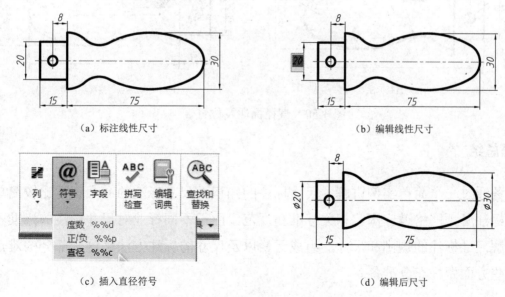

图3-47　线性尺寸的标注与编辑

说明：编辑尺寸除了上述方法，也可以通过标注特性进行修改，方法是：先选择要编辑的标注，然后在标注上单击鼠标右键，在弹出的快捷菜单中选择"特性"命令，弹出"特性"对话框，在"文字替代"项输入"%%c20"，然后关闭"特性"对话框，如图 3-48 所示。

⑤ 标注半径。利用半径标注命令，对图形中的圆弧进行标注，如图 3-49 所示。

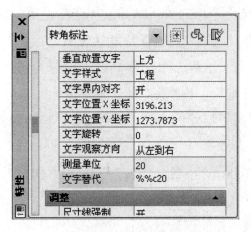

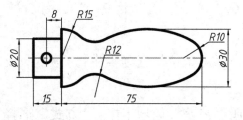

图 3-48 "特性"对话框   图 3-49 半径标注

⑥ 直径标注。利用直径标注命令对图形中的圆进行标注，如图 3-50（a）所示。标注后如果尺寸位置不合适，可以对其进行调整，方法是：选择要调整的标注尺寸，拖动夹点至合适位置即可，如图 3-50（b）所示。

⑦ 折弯标注。利用折弯标注命令标注图形中的大圆弧。

⑧ 保存文件后退出。最终结果如图 3-1 所示。

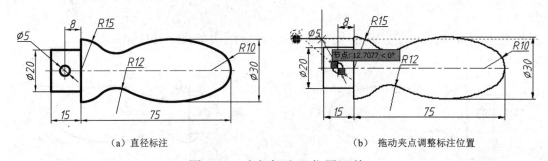

（a）直径标注   （b）拖动夹点调整标注位置

图 3-50 直径标注及位置调整

任务总结

本任务通过一个简单实例讲解了尺寸标注的知识，尺寸标注的命令相对比较简单，关键在于尺寸标注必须严格遵守国家相关标准和规范，由于不同行业对尺寸标注的标准不同，所以提前了解尺寸标注的规则和尺寸的组成元素以及尺寸的标注方法是这一部分的难点，需要读者在这些方面做好充分准备。

◎ **思考与练习**

1．填空题

（1）在"标注样式管理器"对话框中，选择需要应用的样式，单击_____按钮，在图形中标注尺寸时，即使用该样式进行标注。

（2）机械类制图标注中，箭头种类一般选_____，大小一般设置为_____；建筑类制图标注中，箭头种类一般选_____，大小一般设置为_____。

（3）使用标注工具标注尺寸时，应打开_____和_____功能，这样可准确、快速地进行尺寸标注。

2．选择题

（1）（　　　）可以设置尺寸线和尺寸界线的颜色、线型、线宽等参数。

　　A．"符号和箭头"选项卡　　　　B．"线"选项卡

　　C．"文字"选项卡　　　　　　　B．"调整"选项卡

（2）线性标注命令可以标注（　　）。

　　A．水平的线性尺寸　　　　　　B．垂直的线性尺寸

　　C．倾斜的尺寸　　　　　　　　D．都可以

3．操作题

（1）创建一个满足建筑制图要求的标注样式：样式名为建筑标注，尺寸线中基线间距设为800，尺寸界线超出尺寸线设为250，起点偏移量设为300，箭头第一项、第二项设为建筑标记，大小为200，圆心标记选中标记，且大小设为200，半径标注折弯角度设为45°，文字高度设为300，文字位置从尺寸线偏移设为100，文字位置垂直设为上方、水平设为置中，主单位中线性标注的单位格式设为小数、精度设为 0，角度标注中单位格式设为十进制数、精度设为0.00，调整选中文字始终保持在尺寸界线之间，其他采用默认设置。

（2）为如图 3-51 所示图形添加尺寸标注。

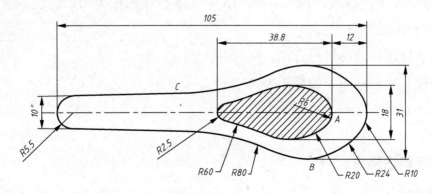

图 3-51　拓展练习

任务 2　房屋平面图的文字标注

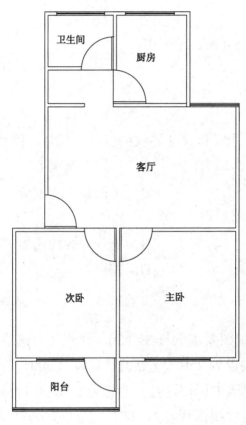

任务展示

完成如图 3-52 房屋平面图的文字标注。

图 3-52　房屋平面图

任务分析

通过该模型的标注，熟悉 AutoCAD 2018 中文字标注的相关知识。在标注之前，先来学习本模型中文字标注用到的新知识。

- 熟悉文字标注样式的设置方法
- 掌握各种文字标注命令的使用方法

知识准备

1. 设置文字标注样式

图纸中的文字可以表达许多非图形信息，图形和文字相结合才能准确地表达设计意图。

为了使图形中的文字符合制图标准，需要根据实际情况，设置文字样式。可以采用以下两种方法进行文字样式设置。

● 直接在命令行输入 STYLE 或者 ST，并按回车键确认。

● 在"默认"选项卡下，将"注释"功能面板展开，单击"文字样式"文本框前面的命令图标 ，如图 3-53（a）所示。

● 在"注释"选项卡下，单击"文字"功能面板右下角的 图标，如图 3-53（b）所示。

（a）　　　　　　　　　　　　（b）

图 3-53　"文字"功能面板

激活文字样式命令后，弹出"文字样式"对话框，如图 3-54 所示。在该对话框中，默认的当前文字样式是"Standard"，另外还有个名为"Annotative"的注释性文字样式。下面举例说明文字样式创建过程。

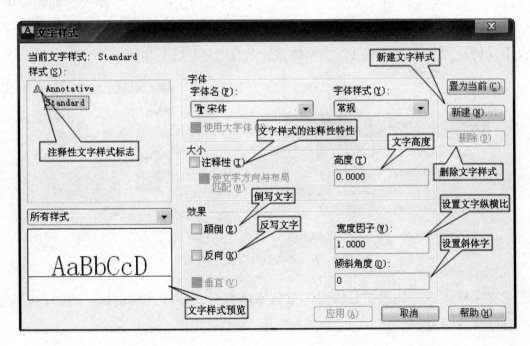

图 3-54　"文字样式"对话框

（1）单击"新建"按钮，弹出"新建文字样式"对话框，输入文字样式的名称，如图 3-55 所示。单击"确定"按钮，完成文字样式名称的创建。

（2）在"文字样式"对话框的"样式"列表中，选中刚创建的文字样式。在"字体"下拉列表中，选择"gbeitc.shx"选项，并勾选"使用大字体"选项，勾选该项后，右侧的"字体样式"选项变为"大字体"选项。在"大字体"选项的下拉列表中，选择"gbcbig.shx"选项，其他保持默认设置，如图3-56所示。单击"应用"按钮后，将对话框关闭。

图 3-55　"新建文字样式"对话框

图 3-56　创建文字样式

此时进入"注释"选项卡，会发现"文字"功能面板上的"文字样式"列表框中，有了"样式 1"文字样式，如图 3-57（a）所示。展开"默认"选项卡下的"注释"功能面板，文字样式框中同样也增加了"样式 1"文字样式，如图 3-57（b）所示。

（a）"注释"选项卡下的"文字"功能面板

（b）"默认"选项卡下的"注释"功能面板

图 3-57　"样式 1"文字样式

创建完文字样式后，如果需要修改，只需重新打开文字样式对话框，选择已经创建的文字样式，进行修改即可。

2．创建单行文字 A

可以使用单行文字创建一行或多行文字，其中每行文字都是独立的对象。可以采用以下三种方式执行单行文字命令。

● 直接在命令行输入 DTEXT 或者 DT，并按回车键确认。

● 在"默认"选项卡下，单击"注释"功能面板上的"单行文字"命令 Ａ ，如图 3-58 所示。

● 在"注释"选项卡下，单击"文字"功能面板上的"单行文字"命令 Ａ。

执行命令后，根据命令行提示进行操作，输入完成后，用鼠标在指定起点位置单击后，可以继续创建文字，如不需要，可按回车键或 ESC 键完成操作。下面以如图 3-59 所示文字效果为例，介绍单行文字创建的过程。操作完成后，命令行显示如下：

```
命令: _text        // 执行命令。
当前文字样式: "工程" 文字高度: 8.0000 注释性: 否
指定文字的起点或 [对正(J)/样式(S)]: J    // 选择对正选项。
输入选项 [对齐(A)/布满(F)/居中(C)/中间(M)/右对齐(R)/左上(TL)/中上(TC)/右上(TR)/左中(ML)/正
中(MC)/右中(MR)/左下(BL)/中下(BC)/右下(BR)]: ML    // 选择对正方式。
指定文字的左中点:         // 指定位置。
指定高度 <8.0000>: 10     // 指定文字高度。
指定文字的旋转角度 <0>:   // 指定文字旋转角度，这里选择默认的0度。
```

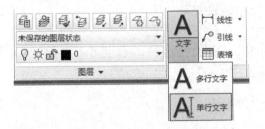

图 3-58　执行"单行文字"命令　　　　　　图 3-59　单行文字效果

3．创建多行文字 A

多行文字命令用来输入含有多种格式的大段文字，一般用于创建较为复杂的文字说明。可以采用以下三种方式执行多行文字命令。

● 直接在命令行输入 MTEXT 或者 MT，并按回车键进行确认。

● 在"默认"选项卡下，单击"注释"功能面板上的"多行文字"命令 A。

● 在"注释"选项卡下，单击"文字"功能面板上的"多行文字"命令 A。

执行命令后，命令行显示如下：

```
命令: _mtext    // 执行命令。
当前文字样式: "工程" 文字高度: 10 注释性: 否
指定第一角点:     // 指定多行文字矩形边界的第一个角点，如图3-60所示图形的左上角点。
指定对角点或 [高度(H)/对正(J)/行距(L)/旋转(R)/样式(S)/宽度(W)/栏(C)]:
// 指定多行文字矩形边界的第二个角点，如图3-60所示图形的右下角点。其中选项"高度(H)"，表示指定文字的高度;
选项"行距(L)"，表示指定多行文字的行距;选项"旋转(R)"，表示指定文字边界旋转的角度;选项"宽度(W)"，表
示指定多行文字矩形的宽度;选项"栏(C)"，表示创建分栏格式的文字，可指定栏间距以及栏宽度。
```

在指定文字边界框的第二个角点后，文字边界框变为文字编辑框，如图 3-61 所示，同时打开"文字编辑器"选项卡，如图 3-62 所示。

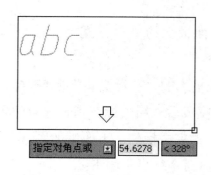

指定对角点或 ⊡ 54.6278 < 328°

图 3-60　多行文字矩形边界框

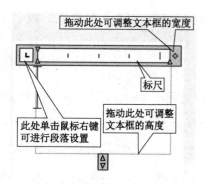

图 3-61　多行文字编辑框

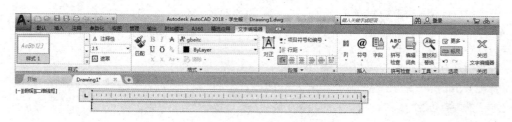

图 3-62　文字编辑器

在打开的文字编辑器中输入需要的文字即可，文字创建后，有时不能满足实际要求，可以双击要编辑的文字进行编辑或者选择要编辑的文字，然后单击鼠标右键，在弹出的快捷菜单中选择"编辑"或"编辑多行文字"命令进行编辑。

☑️　**任务实施**

① 打开文件。启动 AutoCAD 2018，打开教材配套数字资料包中"模块 3\任务 2\房屋.dwg"文件。

② 设置文字标注样式。按照前面所学内容，创建名称为"建筑制图"的文字标注样式，设置如图 3-63 所示：在"字体"下拉列表中，选择"gbeitc.shx"，并勾选"使用大字体"选项，在"大字体"下拉列表中，选择"gbcbig.shx"选项，高度设置为 50。

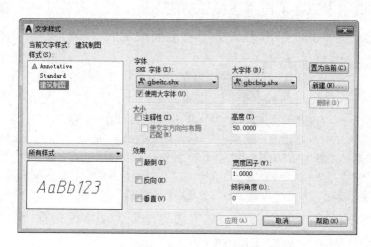

图 3-63　设置文字样式

③ 文字标注。利用单行文字标注命令，标注如图 3-52 所示的文字。

任务总结

本例通过一幅房屋平面图讲解了文字标注的知识。图纸中的文字可以表达许多非图形信息，图形和文字相结合才能准确地表达设计意图，图纸中的文字是人们交流的一个重要内容，所以图纸中的文字一定要符合相应的制图标准。

◎思考与练习

1. 填空题

（1）用单行文字创建一行或多行文字，其中_____都是独立的对象。

（2）多行文字命令可以用来输入含有_____的大段文字。

（3）对文字进行编辑的时候，可以直接_____要编辑的文字进行编辑或者选择要编辑的文字，然后单击鼠标右键，在弹出的快捷菜单中选择_____或_____。

2. 选择题

（1）设置文字样式用到的命令是（　　）。

　　A．DTEXT　　　B．MTEXT　　　C．STYLE

（2）需要输入多行文字应使用的命令是（　　）。

　　A．DTEXT　　　B．MTEXT　　　C．STYLE

3. 操作题

创建一个名为"文字 500"的文字样式，满足 SHX 字体为 tet.shx；大字体 gbcbig.shx；字高 500；宽度比例 0.8；其他为默认值，并将新创建的文字样式置为当前样式。

（1）利用"单行文字"命令输入"AutoCAD 在建筑领域的应用"，完成后再将其编辑成"AutoCAD_2018 在建筑领域的应用"。

（2）利用"多行文字"命令输入如下内容：

创建一个名为"文字·500"的文字样式，满足 SHX 字体为 tet.shx；大字体 gbcbig.shx；字高 500；宽度比例 0.8；其他为默认值，并将新创建的文字样式置为当前样式。

任务3　足球模型的数据查询

任务展示

完成如图 3-64 所示的足球模型相关信息的查询。

图 3-64　足球模型

任务分析

通过该模型的信息查询，熟悉 AutoCAD 中数据查询的相关知识。在查询之前，先来学习相关查询用到的新知识。

- 掌握各种数据的查询方法

知识准备

用户建立对象时，对象的特性信息都存储在图形文件的数据库中，可以使用 AutoCAD 2018 的测量命令获得对象的信息，如点坐标、面积等。"测量"命令位于"默认"选项卡下的"实用工具"功能面板上，如图 3-65 所示。

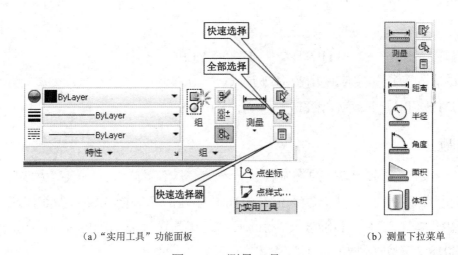

（a）"实用工具"功能面板　　　　　　　　　　　　　（b）测量下拉菜单

图 3-65　测量工具

1. 查询点的坐标

可以采用以下两种方式查询点的坐标。

- 单击"实用工具"功能面板下拉菜单上的"点坐标"命令。
- 直接在命令行输入 ID，并按回车键确认。

执行命令后，利用对象捕捉功能，选择需要查询坐标的点，命令行便列出该点的绝对坐标值，如图 3-66 所示，即为执行查询命令后，捕捉跑道模型左圆弧圆心点时的状态，此时命令行显示内容如下：

```
命令: _id 指定点: X = 2364.1508    Y = 1078.9760    Z = 0.0000
```

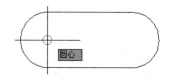

图 3-66　查询点坐标

2. 查询距离 ⊨

查询距离是指查询两点之间的距离或多点之间的距离总长度。可以采用以下两种方式执行查询距离命令。

- 在"实用工具"功能面板上，单击"测量"下拉菜单上的"距离"命令 ⊨。
- 直接在命令行输入 DIST，并按回车键确认。

（1）下面以如图 3-67 所示跑道模型左右两个顶点的距离查询为例，介绍两点之间距离查询的方法。

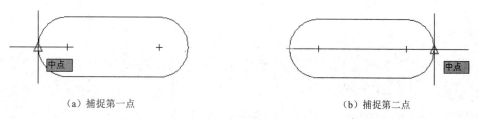

（a）捕捉第一点　　　　　　　　　　　　　　　　（b）捕捉第二点

图 3-67　查询两点之间距离

完成距离查询后，若按回车键，则继续查询其他距离；若按 ESC 键，则结束查询命令。操作完成后，命令行显示如下：

```
命令：_MEASUREGEOM
输入选项 [距离(D)/半径(R)/角度(A)/面积(AR)/体积(V)] <距离>：_distance
指定第一点：    //捕捉跑道模型左边的顶点，如图3-67（a）所示。
指定第二个点或 [多个点(M)]：    //捕捉跑道模型右边的顶点，如图3-67（b）所示。
距离 = 163.6943，XY 平面中的倾角 = 0，   与 XY 平面的夹角 = 0
X 增量 = 163.6943，   Y 增量 = 0.0000，   Z 增量 = 0.0000
```

（2）下面以如图 3-68（a）所示跑道模型中直线 *AB* 跟圆弧 *BC* 的总长为例，学习查询多点之间的距离总长。操作完成后，命令行显示如下：

```
命令：_MEASUREGEOM
输入选项 [距离(D)/半径(R)/角度(A)/面积(AR)/体积(V)] <距离>：_distance
指定第一点：                            //捕捉A点。
指定第二个点或 [多个点(M)]：M            //进入多点模式。
指定下一个点或 [圆弧(A)/长度(L)/放弃(U)/总计(T)] <总计>：   //捕捉B点。
距离 = 100.0000
指定下一个点或 [圆弧(A)/闭合(C)/长度(L)/放弃(U)/总计(T)] <总计>：A //圆弧模式。
距离 = 100.0000
指定圆弧的端点（按住Ctrl键以切换方向）或                 //捕捉C点。
[角度(A)/圆心(CE)/闭合(CL)/方向(D)/直线(L)/半径(R)/第二个点(S)/放弃(U)]：
距离 = 200.0000
```

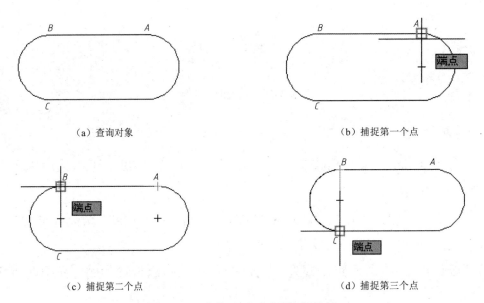

（a）查询对象　　　　　　　　　　（b）捕捉第一个点

（c）捕捉第二个点　　　　　　　　（d）捕捉第三个点

图 3-68　查询多点之间距离总长

3. 查询半径

此命令用来查询圆弧或者圆的半径。在"实用工具"功能面板中，单击"测量"下拉菜单上的图标 即可启动查询半径命令。

下面以如图 3-69 所示的圆弧 *BC* 的半径查询为例，学习查询半径的方法。操作完成后，命令行显示如下：

```
命令：_MEASUREGEOM
输入选项 [距离(D)/半径(R)/角度(A)/面积(AR)/体积(V)] <距离>：_radius
选择圆弧或圆：                    //拾取对象，鼠标显示一个小矩形。
半径 = 110.0000
直径 = 220.0000
```

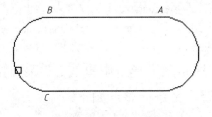

图 3-69　查询半径

4. 查询角度

此命令用来查询指定圆弧、圆、直线或定点的角度。在"实用工具"功能面板中，单击"测量"下拉菜单上的图标 即可启动查询角度命令。下面以如图 3-70（a）所示的直线、圆弧为查询对象，学习查询角度的方法。操作完成后，命令行显示如下：

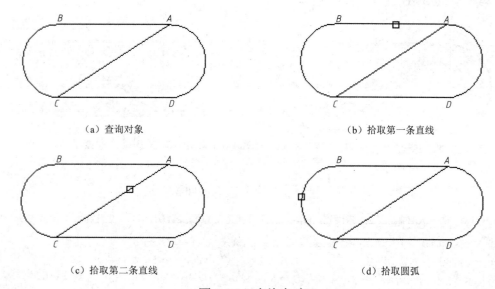

（a）查询对象　　　　　　　　　　　　　（b）拾取第一条直线

（c）拾取第二条直线　　　　　　　　　　　（d）拾取圆弧

图 3-70　查询角度

```
命令：_MEASUREGEOM
输入选项 [距离(D)/半径(R)/角度(A)/面积(AR)/体积(V)] <距离>：_angle
选择圆弧、圆、直线或 <指定顶点>：//拾取第一条直线AB，如图3-70（b）所示。
选择第二条直线：//拾取第二条直线AC，如图3-70（c）所示。
角度 = 32°          //如果选取的两条直线是平行的，此处会显示：直线是平行的。
输入选项 [距离(D)/半径(R)/角度(A)/面积(AR)/体积(V)/退出(X)] <角度>：
选择圆弧、圆、直线或 <指定顶点>：//拾取圆弧BC，如图3-70（d）所示。
角度 = 180°          //结果说明圆弧BC是一个半圆。
```

5. 查询面积

此命令用来查询对象或定义区域的面积和周长。在"实用工具"功能面板中，单击"测量"下拉菜单上的图标，即可启动查询面积命令。下面举例介绍该命令的使用方法。

（1）按照序列点查询面积

该方法可用来查询指定点所定义的任意形状的封闭区域的面积和周长。下面以查询如图 3-71（a）所示图形中△ABC 的面积为例，学习按照序列点查询面积的方式。操作完成后，命令行显示如下：

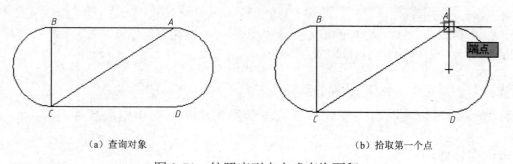

（a）查询对象　　　　　　　　　　　　　　（b）拾取第一个点

图 3-71　按照序列点方式查询面积

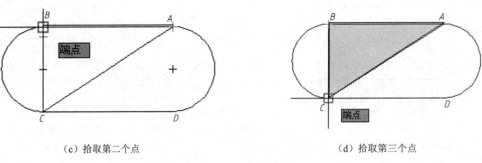

（c）拾取第二个点　　　　　　　　　　　　（d）拾取第三个点

图 3-71　按照序列点方式查询面积（续）

```
命令：_MEASUREGEOM
输入选项 [距离(D)/半径(R)/角度(A)/面积(AR)/体积(V)] <距离>：_area
指定第一个角点或 [对象(O)/增加面积(A)/减少面积(S)/退出(X)] <对象(O)>：  //选择A点。
指定下一个点或 [圆弧(A)/长度(L)/放弃(U)]：            //选择B点。
指定下一个点或 [圆弧(A)/长度(L)/放弃(U)]：            //选择C点。
指定下一个点或 [圆弧(A)/长度(L)/放弃(U)/总计(T)] <总计>：
区域 = 3184.7135，周长 = 282.2563
```

（2）按照对象查询面积

利用序列点查询面积时需要严格控制各个序列点的位置，有时候难度很大，此时可以采用按照对象查询面积的方法。该方法可用来查询椭圆、圆、多边形、多段线、面域以及三维实体的闭合面积和周长。下面以查询如图 3-72（a）所示的阴影部分的面积为例，介绍按照对象查询面积的方法。查询时根据提示，输入 O，选择对象模式，光标变为拾取框形状，拾取剖切线，如图 3-72（b）所示，选中后命令行内容显示如下：

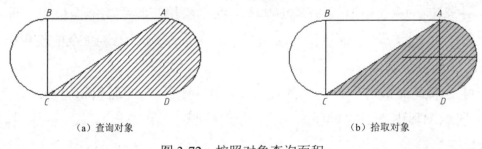

（a）查询对象　　　　　　　　　　　　　　（b）拾取对象

图 3-72　按照对象查询面积

```
命令：_MEASUREGEOM
输入选项 [距离(D)/半径(R)/角度(A)/面积(AR)/体积(V)] <距离>：_area
指定第一个角点或 [对象(O)/增加面积(A)/减少面积(S)/退出(X)] <对象(O)>：o
选择对象：
区域 = 4777.8780，周长 = 318.6128
```

提示：查询时可以先将需要查询的区域添加图案填充，查询完成后再删掉。

6．查询实体体积

该方法可用来查询三维实体的体积，在"实用工具"功能面板中，单击"测量"下拉菜单上的图标 ，即可启动查询体积命令。下面以如图 3-73（a）所示圆环实体为例，介绍三维实体的体积查询方法。

（a）查询对象　　　　　　　　　　　　　　　（b）拾取对象

图 3-73　查询实体体积

查询时根据提示，输入 O，选择对象模式，光标变为拾取框形状，拾取圆环实体，如图 3-73（b）所示，拾取对象后，命令行显示如下：

```
命令：_MEASUREGEOM
输入选项 [距离(D)/半径(R)/角度(A)/面积(AR)/体积(V)] <距离>: _volume
指定第一个角点或 [对象(O)/增加体积(A)/减去体积(S)/退出(X)] <对象(O)>: o
选择对象：
体积 = 11320535.8517
输入选项 [距离(D)/半径(R)/角度(A)/面积(AR)/体积(V)/退出(X)] <体积>: *取消*
```

✅ 任务实施

① 打开文件。启动 AutoCAD 2018，打开教材配套数字资料包中"模块 3\任务 3\足球.dwg"文件。

② 在"实用工具"功能面板上，调用"测量"下的"距离"命令，测量六边形的边长为 25 mm。

③ 在"实用工具"功能面板上，调用"测量"下的"角度"命令，测量六边形的一个内角角度为 120°。

④ 在"实用工具"功能面板上，调用"测量"下的"面积"命令，测量足球阴影部分的面积为 2533 mm²。

⑤ 在"实用工具"功能面板上，调用"测量"下的"半径"命令，测量足球的半径为 46 mm。

任务总结

在 AutoCAD 2018 中，图形对象的特性都存储在图形文件的数据库中，用户可以通过查询命令获得这些特性信息，如距离、面积、角度等。

◎ 思考与练习

1. 填空题

（1）"测量"命令位于"默认"选项卡下的_____功能面板上。

（2）查询距离可以查询_____之间的距离或_____之间的距离总长度。

2．选择题

（1）查询面积命令可以用来查询对象或定义区域的（　　　）。

    A．面积　　　　　B．周长　　　　　C．都可以

（2）查询点的坐标需要用的命令是（　　　）。

    A．ID　　　　　B．DIST　　　　　C．STYLE

3．操作题

利用数据查询功能，查询如图 3-74 所示图形的相关信息。

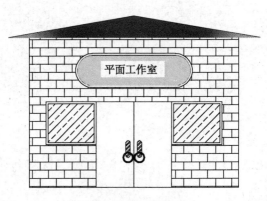

图 3-74　房屋

模块 4
三维图形绘制与编辑

【学习目标】

- 能够熟练设置三维绘图环境
- 掌握三维模型的观察与显示方式
- 掌握三维实体模型的创建方法
- 掌握实体模型的编辑方法

AutoCAD 在二维绘图方面具有独特的优势,并且在 CAD 领域一直处于领先地位。尽管这几年 AutoCAD 在三维设计方面一直在完善,但就编者感受而言,AutoCAD 的三维设计功能相对其公司其他产品而言还是处于劣势地位。因此,如果读者想在三维设计方面有所建树的话,建议读者学习 Autodesk 公司的另一款三维设计软件 Inventor。该款软件作为一款参数化的设计软件,在数字样机设计流程方面具有极大的优势。

本模块将通过两个简单的实例,来介绍三维实体模型最基本的绘制和编辑方法,目的是让读者简单了解 AutoCAD 中的三维建模功能。

任务1 三维建模基础

学习目标

- 熟悉 AutoCAD 2018 的三维建模环境
- 熟悉 AutoCAD 2018 的三维坐标系统
- 能够熟练观察和显示三维模型

📖 **学习内容**

1. 进入三维模型环境

从工作空间的下拉列表中，选择"三维基础"或"三维建模"选项，即可进入三维空间环境，如图 4-1 所示。也可以在"草图与注释"空间环境下，将鼠标光标置于选项卡或功能面板位置处，单击鼠标右键，在弹出的快捷菜单的"显示选项卡"子菜单中勾选"三维工具"选项，添加"三维工具"选项卡，从而进入三维模型环境，如图 4-2 所示。

在本模块中，若不特别说明，所使用的建模环境均以"三维基础"工作空间为例。

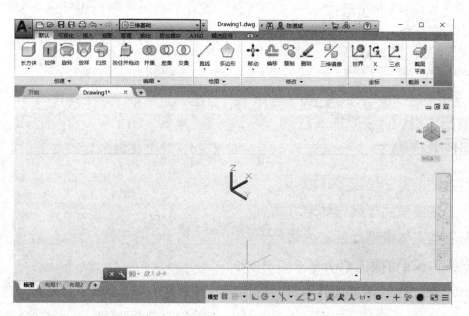

（a）"三维基础"空间

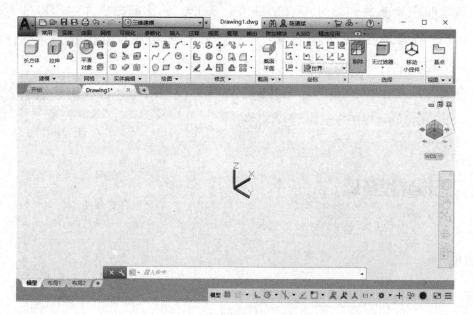

（b）"三维建模"空间

图 4-1　三维模型空间

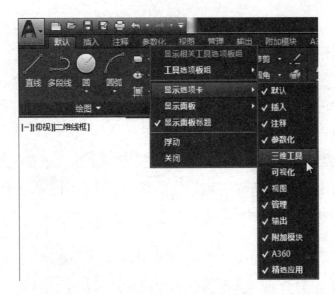

图 4-2　在"草图与注释"空间环境下添加"三维工具"选项卡

2．三维坐标系

在三维建模过程中，需要经常切换坐标系。在模块 1 中，读者已经学习了二维环境中的世界坐标系（WCS）和用户坐标系（UCS）。在三维环境中，输入点的方法跟二维环境中基本相同，只是在输入坐标时，要加上 Z 轴的坐标值。下面重点介绍用户坐标系的创建与编辑方法。

（1）UCS 的创建

所谓创建用户坐标系，即重新确定坐标系的原点位置，X 轴、Y 轴、Z 轴的方向。在 AutoCAD 2018 中，创建用户坐标系的方式有以下两种。

● 直接在命令行输入 UCS，并按回车键确认。

● 单击"坐标"功能面板上的命令按钮，如图 4-3 所示。

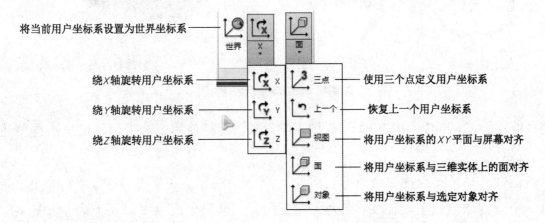

图 4-3　"坐标"功能面板

执行 UCS 命令后，命令行显示如下提示：

```
当前 UCS 名称：*世界*
指定 UCS 的原点或 [面(F)/命名(NA)/对象(OB)/上一个(P)/视图(V)/
世界(W)/X/Y/Z/Z 轴(ZA)] <世界>：*取消*
```

该命令行中的各个选项，跟"坐标"功能面板上的命令按钮相对应，这里不再介绍。下面举例介绍功能面板上的几个命令按钮。

① UCS，世界 [图]

单击该命令，相当于在命令行中执行 UCS 命令。

② 绕 X 轴旋转用户坐标系 [图]

单击该命令，可将当前的 UCS 坐标系绕 X 轴按照指定角度进行旋转。旋转方向可根据右手定则判定，即将右手拇指指向 X 轴正向，卷曲其余四指，则四指所指方向即为绕 X 轴的正旋转方向，如图 4-4 所示。

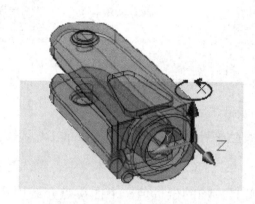

图 4-4　绕 X 轴旋转右手定则

执行命令后，旋转轴加亮显示，在弹出的文本框中输入要旋转的角度，如图 4-5 所示。

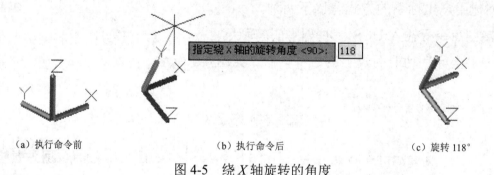

（a）执行命令前　　　　　　（b）执行命令后　　　　　　（c）旋转 118°

图 4-5　绕 X 轴旋转的角度

同样绕 Y 轴旋转 [图]、绕 Z 轴旋转 [图] 与绕 X 轴旋转使用方法类似，这里不再赘述。

③ 三点 [图]

单击该命令，只需选择三个点即可确定新坐标系的原点位置及 X 轴、Y 轴的正方向。指定的第一个点为原点位置，第二个点为 X 轴正方向，第三个点为 Y 轴正方向，如图 4-6 所示。

④ 上一个 [图]

恢复上一个用户坐标系，单击此命令可以在当前任务中逐步返回最后 10 个 UCS 设置。

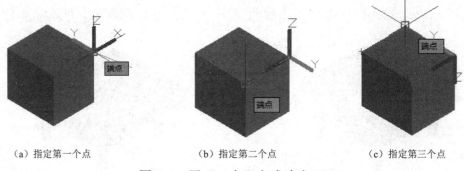

（a）指定第一个点　　　　　（b）指定第二个点　　　　　（c）指定第三个点

图 4-6　用"三点"方式确定 UCS

⑤ 视图 ⊡

单击该命令，可使新坐标系的 XY 平面与当前视图方向对齐，原点位置保持不变，X 轴和 Y 轴变为水平和垂直，Z 轴与当前视图垂直。通常情况下，该方式主要用于文字标注，如图 4-7 所示。

（a）执行命令前　　　　　（b）执行命令后

图 4-7　用"视图"方式确定 UCS

⑥ 面 ⊡

单击该命令，可使新坐标系的 XY 平面与所选实体的面对齐。执行命令后，将光标移动到选择面，该面会亮显，如图 4-8（a）所示；选择面后，会弹出快捷菜单，让用户进行选择，如图 4-8（b）所示，各项含义如下：

- 接受：接受更改，然后放置 UCS。
- 下一个：将 UCS 定位于邻接的面或选定边的后向面。
- X 轴反向：将 UCS 绕 X 轴旋转 180°。
- Y 轴反向：将 UCS 绕 Y 轴旋转 180°。

选择完成后，创建 UCS，如图 4-8（c）所示。

（a）选择面　　　　　（b）快捷菜单　　　　　（c）创建 UCS

图 4-8　"面"方式确定 UCS

⑦ 对象 ⊡

单击该命令，可将 UCS 与选定的二维或三维对象对齐。大多数情况下，UCS 的原点位于离指定点最近的端点，X 轴将与边对齐或与曲线相切，并且 Z 轴垂直于对象，如图 4-9 所示。

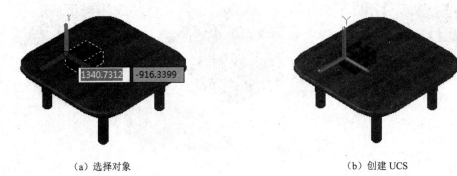

（a）选择对象　　　　　　　　　　（b）创建 UCS

图 4-9　用"对象"方式确定 UCS

（2）UCS 的编辑

创建 UCS 后，既可通过 UCS 窗口对其进行编辑，也可通过夹点对其进行编辑。

① 窗口编辑

单击"坐标"功能面板上的 UCS 设置图标 ，打开"UCS"对话框，如图 4-10 所示，该对话框有"命名 UCS""正交 UCS""设置"三个选项卡，并可通过单击"详细信息"按钮查看 UCS 的信息。

（a）"命名 UCS"选项卡

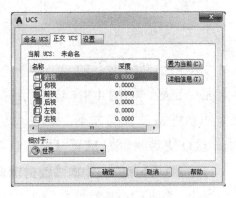

（b）"正交 UCS"选项卡

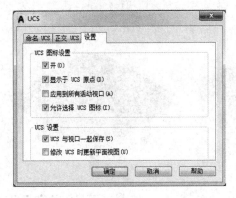

（c）"设置"选项卡

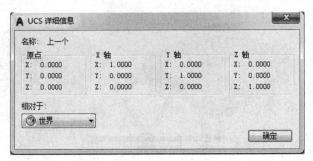

（d）"UCS 详细信息"对话框

图 4-10　"UCS"对话框

② 夹点编辑

单击视图中的 UCS 图标，图标上会出现夹点，如图 4-11（a）所示。单击并拖动原点夹点，会改变原点的位置，如图 4-11（b）所示；单击并拖动相应的轴夹点，可调整相应轴的方向，如图 4-11（c）所示。

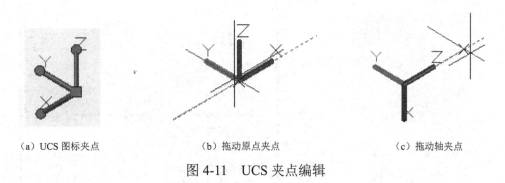

（a）UCS 图标夹点　　　　　（b）拖动原点夹点　　　　　（c）拖动轴夹点

图 4-11　UCS 夹点编辑

（3）动态 UCS

所谓动态 UCS，即创建对象时，使 UCS 的 XY 平面自动与实体模型上的平面临时对齐。按快捷键 F6 键，即可执行动态 UCS 命令。

操作时，先激活创建对象的命令，再将光标移动到想要创建对象的平面上，该平面会自动亮显，表示当前的 UCS 被对齐到该平面上，如图 4-12 所示，就是采用动态 UCS 在桌面上创建圆柱体。

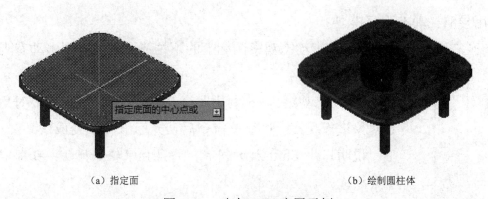

指定底面的中心点或

（a）指定面　　　　　　　　　　　（b）绘制圆柱体

图 4-12　动态 UCS 应用示例

3. 三维模型的观察与显示

为了更加方便快捷地创建三维模型，需要从空间的不同角度来观察三维模型；同时为了得到最佳的视觉效果，也需要切换三维模型的视觉样式。

（1）三维模型的观察

在 AutoCAD 2018 中，提供了多种观察三维模型的方法，下面就常用的几种做简单介绍。

① 利用 ViewCube 观察模型

利用 ViewCube 可以在三维模型的 6 种正交视图、8 种轴测视图之间进行快速切换。在 ViewCube 图标上右击，可以在弹出的快捷菜单中进行投影样式的选择，也可以对 ViewCube

进行设置，如图 4-13 所示。该方法在模块 1 的任务 1 中已经做了简单介绍，这里不再赘述。

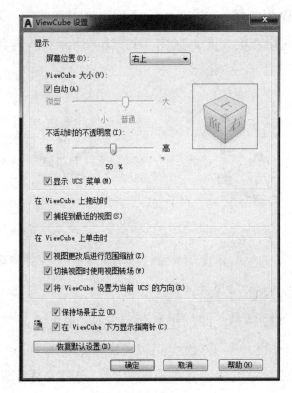

（a）ViewCube 及鼠标右键菜单　　　　　　（b）ViewCube 设置

图 4-13　ViewCube 使用设置

② 利用导航栏动态观察模型

在绘图区右侧的导航栏上，单击动态观察图标上的下拉箭头，可以列出动态观察的三种方式，如图 4-14 所示。

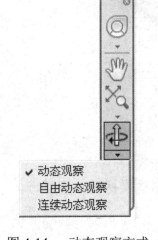

● 动态观察 利用此命令可以水平、垂直或沿对角线拖动观察对象进行观察。执行该命令后，光标由 变成 。

说明： 按 Shift 键的同时，按鼠标滚轮并拖动，也可以进入动态观察模式。

● 自由动态观察 利用此命令可以对观察对象进行任意角度的动态观察。执行该命令后，在三维模型的周围出现导航球。当光标位于导航球的不同位置时，其表现形式是不一样的，如图 4-15 所示。此时按住鼠标左键并拖动，模型会绕着旋转轴进行旋转。并且在不同位置拖动鼠标，旋转轴是不一样的。

图 4-14　动态观察方式

● 连续动态观察 利用此命令可以使观察对象绕指定的旋转轴按照指定的旋转速度做连续旋转运动。执行该命令后，光标变成 。按住鼠标左键并拖动，观察对象会沿着鼠标拖动方向继续旋转，旋转的速度取决于拖动鼠标的速度。只有当再次单击鼠标时，观察对象才停止旋转。

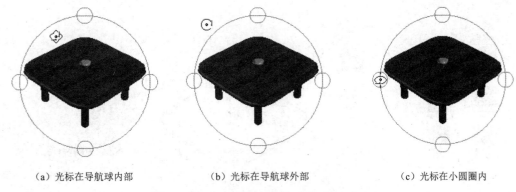

（a）光标在导航球内部 　　　（b）光标在导航球外部 　　　（c）光标在小圆圈内

图 4-15　自由动态观察时的光标形式

说明： 在采用这三种方式观察模型时，随时可以通过鼠标右键快捷菜单切换到其他观察方式。

③ 通过"图层和视图"功能面板观察模型

在"图层和视图"功能面板上的"视图管理器"下拉列表中，列举了一些特殊的视图，如图 4-16（a）所示。可以通过切换不同的特殊视图观察模型，这些特殊视图对应于 ViewCube 的几种视图。单击列表末端的"视图管理器"选项，可以打开"视图管理器"对话框，如图 4-16（b）所示。在该对话框中，可以对当前的视图进行编辑。

（a）视图类型 　　　　　　　　　　　（b）"视图管理器"对话框

图 4-16　通过"图层和视图"功能面板观察模型

（2）三维模型的显示样式

在 AutoCAD 2018 中，为了达到三维模型的观察效果，往往需要通过视觉样式切换模型的表现形式。在"图层和视图"功能面板上的"视觉样式"下拉列表中，列举了几种视觉样式，每种样式所对应的图形效果如图 4-17 所示。

单击视觉样式列表下面的"视觉样式管理器"选项，可以打开"视觉样式管理器"选项面板。用户可根据需要，在面板中进行相关设置，也可以创建新的视觉样式。相关内容这里不再介绍，感兴趣的读者可自行操作。

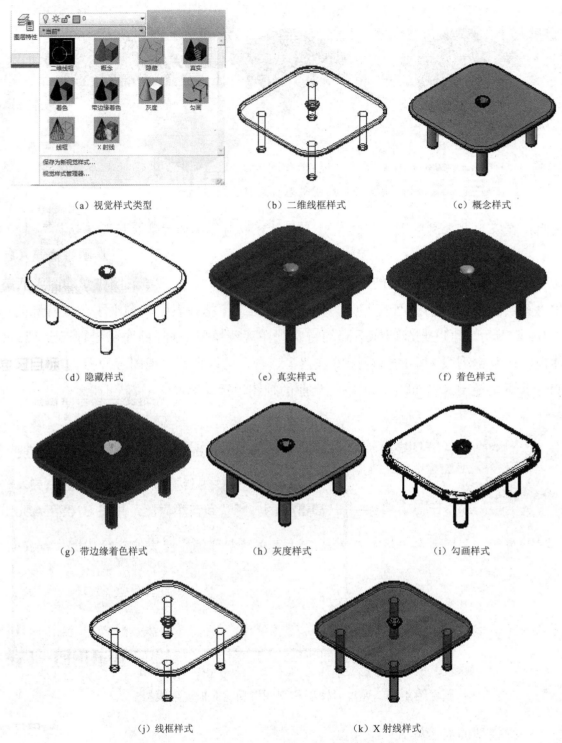

（a）视觉样式类型　　　　　　（b）二维线框样式　　　　　　（c）概念样式

（d）隐藏样式　　　　　　（e）真实样式　　　　　　（f）着色样式

（g）带边缘着色样式　　　　　　（h）灰度样式　　　　　　（i）勾画样式

（j）线框样式　　　　　　（k）X 射线样式

图 4-17　视觉样式应用示例

◎ 思考与练习

1. 填空题

（1）绕 X 轴旋转用户坐标系时，旋转方向可根据_____判定，即将右手拇指指向 X 轴_____，卷曲其余四指，则四指所指方向即为绕 X 轴的_____方向。

（2）采用三点方式创建用户坐标系时，指定的第一个点为_____位置，第二个点为_____，第三个点为_____。

（3）按键盘上的_____快捷键，可执行动态 UCS 命令。

2．选择题

（1）采用连续动态观察方式观察视图模型时，模型旋转的速度取决于（　　）。

 A．计算机的配置   B．拖动鼠标的速度

 C．旋转轴的选择   D．鼠标拖动位置

（2）按（　　）键的同时，按鼠标滚轮并拖动，可进入动态观察模式。

 A．Shift   B．Alt   C．Ctrl   D．Alt+Ctrl

3．操作题

（1）打开数字资料包中的"模块 4\任务 1\支架.dwg"模型，将坐标系按照图 4-18 所示进行定位。

图 4-18　支架

（2）打开数字资料包中的"模块 4\任务 1\桌子.dwg"模型，采用动态 UCS 方式，在桌面底部任一位置创建一个长方体，长方体的尺寸自定义，如图 4-19 所示。

图 4-19　在桌子底部添加长方体

任务2 方桌模型的绘制与编辑

任务展示

绘制与编辑如图 4-20 所示的方桌模型。

图 4-20　方桌模型

任务分析

通过图 4-20 可以看到，该方桌模型由两部分组成，分别是桌面和桌腿，而且都进行了圆角处理。通过该模型的制作，熟悉 AutoCAD 2018 中基本的三维建模知识。下面就来学习在本模型绘制过程中用到的新知识。

- 掌握直接创建实体模型的方法
- 掌握圆角和倒角工具的使用方法
- 掌握三维位置的操作方法
- 掌握几种布尔运算方法

知识准备

1. 直接创建实体模型

在"默认"选项卡下的"创建"功能面板上，单击"长方体"图标 上的下拉箭头，即可列出 AutoCAD 2018 中可直接创建的基本实体模型，如图 4-21 所示。

（1）长方体

该命令可以创建长方体实体，操作如图 4-22 所示。操作完成后，命令行显示如下：

```
命令：_box    // 执行命令。
    指定第一个角点或 [中心(C)]:        // 拾取长方体底面的第一个角点，若选择"中心(C)"选项，则拾取的第
一个点是长方体的中心。
    指定其他角点或 [立方体(C)/长度(L)]:       // 拾取长方体底面的另一个角点；若选择"立方体(C)"选项，则
```

绘制长、宽、高都相等的立方体；若选择"长度(L)"选项，则按照指定的长、宽、高创建长方体，长度与 X 轴对应，宽度与 Y 轴对应，高度与 Z 轴对应，输入正值将沿当前 UCS 坐标轴的正方向绘制，输入负值将沿坐标轴的负方向绘制。

    指定高度或 [两点(2P)]<10.5>：　　// 指定长方体的高度；若选择"两点(2P)"选项，则指定长方体的高度为两个指定点之间的距离。

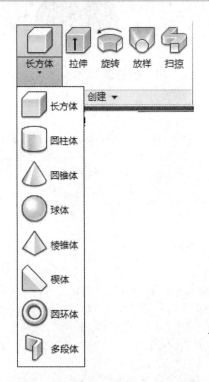

图 4-21　可直接创建的基本实体模型　　　　图 4-22　创建长方体实体

（2）圆柱体

该命令可以创建圆柱体实体，操作如图 4-23 所示。操作完成后，命令行显示如下：

```
命令：_cylinder
    指定底面的中心点或 [三点(3P)/两点(2P)/切点、切点、半径(T)/椭圆(E)]：   // 拾取一点作为底面的圆心；
若选择"三点(3P)"选项，则分别拾取底面圆周上的三个点确定底面；若选择"两点(2P)"选项，则通过指定两个点作为
底面的直径；若选择"切点、切点、半径(T)"选项，则定义具有指定半径且和两个对象相切的底面；若选择"椭圆(E)"
选项，则指定圆柱体的椭圆底面。
    指定底面半径或 [直径(D)] <30.6783>：20
    指定高度或 [两点(2P)/轴端点(A)] <39.1913>：30   // 若选择"轴端点(A)"选项，则指定圆柱体轴的
端点位置，即圆柱体顶面的圆心。
```

（3）圆锥体

该命令可以创建圆锥体实体，操作如图 4-24 所示。操作完成后，命令行显示如下：

```
命令：_cone
    指定底面的中心点或 [三点(3P)/两点(2P)/切点、切点、半径(T)/椭圆(E)]：
    指定底面半径或 [直径(D)] <22.7884>：
    指定高度或 [两点(2P)/轴端点(A)/顶面半径(T)] <14.3306>：   // 若选择"顶面半径(T)"选项，可绘制
圆台。
```

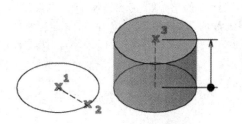

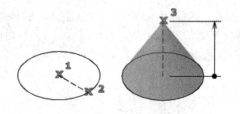

图 4-23　创建圆柱体实体　　　　　　图 4-24　创建圆锥体实体

（4）球体 ⬤

该命令可以创建球体实体，操作如图 4-25 所示。操作完成后，命令行显示如下：

```
命令：_sphere
指定中心点或 [三点(3P)/两点(2P)/切点、切点、半径(T)]：
指定半径或 [直径(D)] <87.9649>：
```

（5）棱锥体 △

该命令可以创建棱锥体实体，操作如图 4-26 所示。操作完成后，命令行显示如下：

```
命令：_pyramid
4 个侧面  外切    // 当前侧面数量及底面绘制形式，侧面数量即棱锥的棱数。
  指定底面的中心点或 [边(E)/侧面(S)]：    // 若选择"边(E)"选项，可指定棱锥底面一条边的长度；若选择
"侧面(S)"选项，可指定棱锥的棱数，必须为正值且在3~22之间。
  指定底面半径或 [内接(I)] <63.8995>：    // 指定外切圆的半径；若选择"内接(I)"选项，则指定内接圆
的半径。
  指定高度或 [两点(2P)/轴端点(A)/顶面半径(T)] <199.2183>：    // 若选择"顶面半径(T)"选项，可绘
制棱台。
```

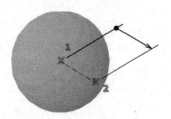

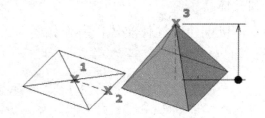

图 4-25　创建球体实体　　　　　　图 4-26　创建棱锥体实体

（6）楔体 ◺

该命令可以创建楔体实体，楔体的倾斜方向始终沿 UCS 的 X 轴正方向，操作如图 4-27
所示。操作完成后，命令行显示如下：

```
命令：_wedge
指定第一个角点或 [中心(C)]：
指定其他角点或 [立方体(C)/长度(L)]：
指定高度或 [两点(2P)] <75.9520>：
```

（7）圆环体 ◎

该命令可以创建圆环体实体，圆环体的中心轴和当前用户坐标系的 Z 轴平行，圆环体和
当前工作平面的 XY 平面平行且被其平分，操作如图 4-28 所示。操作完成后，命令行显示如
下：

```
命令：_torus
指定中心点或 [三点(3P)/两点(2P)/切点、切点、半径(T)]：
指定半径或 [直径(D)] <66>：  // 若输入负的半径值，则绘制形似美式橄榄球的实体。
指定圆管半径或 [两点(2P)/直径(D)]<20>：
```

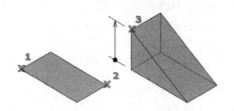

图 4-27　创建楔体实体

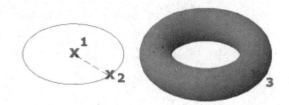

图 4-28　创建圆环体实体

（8）多段体

该命令可以创建具有固定高度和宽度的直线段或曲线段的三维墙，方法和绘制二维多段线相同，操作如图 4-29 所示。操作完成后，命令行显示如下：

```
命令：_Polysolid 高度 = 50.0000，宽度 = 40.0000，对正 = 居中   // 默认值。
指定起点或 [对象(O)/高度(H)/宽度(W)/对正(J)] <对象>：   // 若选择"对象(O)"选项，则指定要转换
为三维实体的二维对象；若选择"高度(H)"选项，则指定多段体线段的高度；若选择"宽度(W)"选项，则指定多段体线
段的宽度；若选择"对正(J)"选项，则可以将多段体的宽度和高度设置为左对正、居中或右对正。
指定下一个点或 [圆弧(A)/放弃(U)]：   // 若选择"圆弧(A)"选项，可创建曲线段三维墙。
指定下一个点或 [圆弧(A)/放弃(U)]：
```

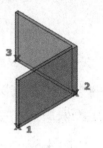

（a）直线段三维墙

（b）曲线段三维墙

图 4-29　创建多段体实体

2．圆角处理和倒角处理

圆角处理和倒角处理是加工机械零件中必不可少的加工步骤，因此在绘制三维实体时，经常用到圆角、倒角命令。在"默认"选项卡下的"编辑"功能面板上，单击"编辑"功能面板上的下拉箭头，将功能面板展开，即可看到圆角、倒角命令按钮，如图 4-30 所示。

（1）圆角

该命令可以对实体的边进行圆角处理。执行该命令，可在选择一条或多条边后，输入圆角半径值或拖动圆角夹点动态调整圆角半径。操作完成后，命令行显示如下：

```
命令：_FILLETEDGE
半径 = 1.0000    // 默认圆角半径。
选择边或 [链(C)/环(L)/半径(R)]：   // 可选择一条或多条边，如图4-31（a）所示；若选择"链(C)"选
项，会选择和指定边相切的所有边，如图4-31（b）所示；若选择"环(L)"选项，会在实体面上选择指定边的环，如图4-31
```

（c）所示；若选择"半径(R)"选项，则重新指定半径。

选择边或 [链(C)/环(L)/半径(R)]：

已选定 1 个边用于圆角。

按 Enter 键接受圆角或 [半径(R)]：

图 4-30　展开的"编辑"功能面板

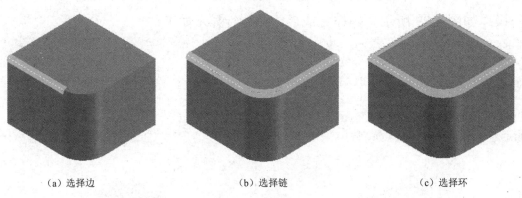

（a）选择边　　　　　　　　（b）选择链　　　　　　　　（c）选择环

图 4-31　选择圆角类型

圆角半径除了可以精确设置外，也可以通过拖动圆角的夹点来预览圆角半径，从而动态设置圆角半径大小。方法是在选择圆角边后，按回车键确认，然后拖动圆角夹点，调整到合适大小，再次按回车键确认，即可完成圆角半径大小调整，如图 4-32 所示。

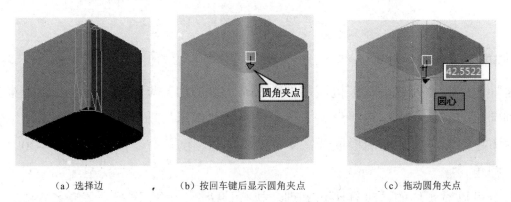

（a）选择边　　　　　　（b）按回车键后显示圆角夹点　　　　　（c）拖动圆角夹点

图 4-32　拖动圆角夹点调整圆角大小

（2）倒角

该命令可以对实体的边进行倒角操作。执行命令后，选择要倒角的边，然后按回车键确认，即可完成操作，如图 4-33 所示。操作完成后，命令行显示如下：

```
命令: _CHAMFEREDGE 距离 1 = 1.0000, 距离 2 = 1.0000
选择一条边或 [环(L)/距离(D)]: d          // 选择"距离(D)选项"。
指定距离 1 或 [表达式(E)] <1.0000>: 10    // 指定第一个倒角距离; 若选择"表达式(E)"选项, 则使
用数学表达式来控制倒角距离。
指定距离 2 或 [表达式(E)] <1.0000>: 10     // 若不指定倒角距离, 则默认和第一个倒角距离相等, 即
45°倒角; 若输入不同值, 可进行非45°倒角。
选择一条边或 [环(L)/距离(D)]:
选择同一个面上的其他边或 [环(L)/距离(D)]:
按 Enter 键接受倒角或 [距离(D)]:
```

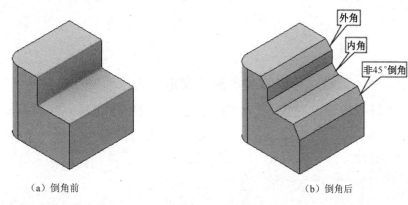

(a) 倒角前　　　　　　　　　　　　　　　　　　(b) 倒角后

图 4-33　倒角

3. 三维位置的操作

在 AutoCAD 2018 中, 三维位置的操作有三维移动、三维旋转、三维缩放、三维镜像、三维对齐、三维阵列等, 这些命令选项位于"默认"选项卡下的"修改"功能面板上, 如图 4-34 所示。

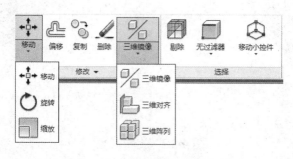

图 4-34　"修改"功能面板

（1）三维移动

使用三维移动命令, 可以将实体模型向任意方向移动, 从而设置模型在视图中的准确位置。执行命令后, 根据命令行提示, 选择要移动的对象, 按回车键确认, 然后指定基点, 拖动鼠标, 移动对象到指定点, 最后单击鼠标完成对象的移动, 如图 4-35 所示。操作完成后, 命令行显示如下:

```
命令: _move
选择对象: 找到 1 个
选择对象:
指定基点或 [位移(D)] <位移>:
```

指定第二个点或 <使用第一个点作为位移>：　　　// 可指定点，也可输入坐标值确定点。

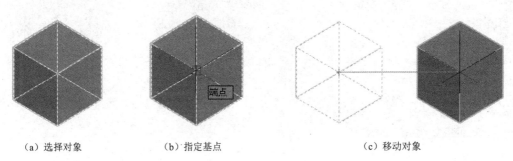

　　（a）选择对象　　　　　　　（b）指定基点　　　　　　　（c）移动对象

图 4-35　移动对象

（2）三维旋转

使用三维旋转命令，可以将选取的对象沿着指定的旋转轴进行自由旋转。执行命令后，根据命令行提示，选择要旋转的对象，按回车键确认，然后指定基点（旋转轴过基点），拖动鼠标，按指定角度旋转对象，如图 4-36 所示。操作完成后，命令行显示如下：

命令：_rotate
UCS 当前的正角方向：ANGDIR=逆时针　ANGBASE=0
选择对象：找到 1 个
选择对象：
指定基点：
指定旋转角度，或 [复制(C)/参照(R)] <270>：　　// "参照(R)"选项，表示将对象从指定的角度旋转到新的绝对角度。

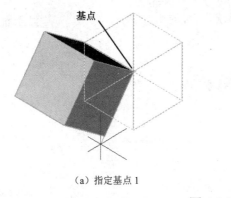

　　（a）指定基点 1　　　　　　　　　　　　　　　（b）指定基点 2

图 4-36　旋转对象

（3）三维缩放

使用三维缩放命令，可以将选取的对象按指定的比例因子进行自由缩放。执行命令后，根据命令行提示，选择要缩放的对象，按回车键确认，然后指定基点，输入比例因子，即可按指定的比例因子进行缩放，如图 4-37 所示。操作完成后，命令行显示如下：

命令：_scale
选择对象：找到 1 个
选择对象：　//选择小长方体，并按回车键确认。
指定基点：　//捕捉小长方体和大长方体重合的角点为基点。
指定比例因子或 [复制(C)/参照(R)]：2　// 将对象扩大1倍。

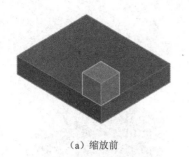
（a）缩放前

（b）缩放后

图 4-37　缩放对象

（4）三维镜像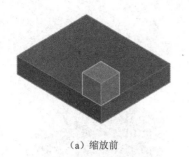

使用三维镜像命令，可以通过指定镜像平面获取与原始模型相对称的对象。执行命令后，先选择要镜像的对象，按回车键确认，根据命令行提示，再选择镜像平面并按回车键确认，即可完成操作，如图 4-38 所示。操作完成后，命令行显示如下：

```
命令：_mirror3d
选择对象：找到 1 个
选择对象：
指定镜像平面 (三点) 的第一个点或
[对象(O)/最近的(L)/Z 轴(Z)/视图(V)/XY 平面(XY)/YZ 平面(YZ)/ZX 平面(ZX)/三点(3)] <三点>：3
在镜像平面上指定第一点：在镜像平面上指定第二点：在镜像平面上指定第三点：
是否删除源对象？[是(Y)/否(N)] <否>：
```

（a）镜像前

（b）镜像后

图 4-38　镜像对象

（5）三维对齐

三维对齐命令就是通过三个点定义源平面，再通过三个点定义目标平面，使三维模型的源平面与目标平面对齐。执行命令后，先选择要对齐的对象并按回车键确认，指定源平面的三个点，再指定目标平面的三个点，从而完成三维对象的对齐操作，如图 4-39 所示。操作完成后，命令行显示如下：

```
命令：_3dalign
选择对象：找到 1 个
选择对象：
指定源平面和方向 ...
指定基点或 [复制(C)]：              // 指定1′点。
指定第二个点或 [继续(C)] <C>：       // 指定2′点。
指定第三个点或 [继续(C)] <C>：       // 指定3′点。
```

指定目标平面和方向 ...
    指定第一个目标点：   // 指定1点。
    指定第二个目标点或 [退出(X)] <X>：   // 指定2点。
    指定第三个目标点或 [退出(X)] <X>：   // 指定3点。

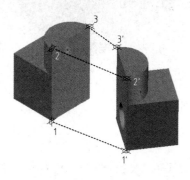

（a）对齐前

（b）对齐后

图 4-39　三维对齐对象

（6）三维阵列 🔲

如果在三维图形中，包含有多个相同的实体，并且这些实体需要按一定的阵列排列，这时就可以使用三维阵列命令来完成。三维阵列有矩形阵列和环形阵列两种。

① 矩形阵列。

在矩形阵列中，三维实体模型以矩形的方式排列。执行三维阵列命令后，选择阵列对象并按回车键确认，根据命令行提示，选择矩形阵列，然后依次设置阵列的行、列、层，结果如图 4-40 所示。操作完成后，命令行显示如下：

```
命令：_3darray
选择对象：找到 1 个
选择对象：
输入阵列类型 [矩形(R)/环形(P)] <矩形>：
输入行数 (---) <1>：4
输入列数 (|||) <1>：4
输入层数 (...) <1>：2
指定行间距 (---)：25
指定列间距 (|||)：25
指定层间距 (...)：110
```

② 环形阵列。

在环形阵列中，三维实体模型以环形的方式排列，如图 4-41 所示。执行命令后，根据命令行提示，选择环形阵列，依次进行操作。操作完成后，命令行显示如下：

```
命令：_3darray
选择对象：找到 1 个
选择对象：找到 1 个，总计 2 个
选择对象：
输入阵列类型 [矩形(R)/环形(P)] <矩形>：p
输入阵列中的任务数目：6
指定要填充的角度 (+=逆时针，-=顺时针) <360>：
旋转阵列对象？ [是(Y)/否(N)] <Y>：
```

指定阵列的中心点：

 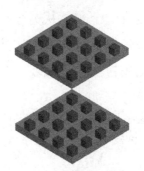

（a）阵列排列前　　　　　　　　　　　　　　　（b）阵列排列后

图 4-40　矩形阵列对象

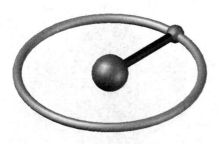 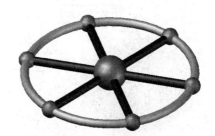

（a）阵列排列前　　　　　　　　　　　　　　　（b）阵列排列后

图 4-41　环形阵列对象

4．布尔运算

实体编辑的布尔运算命令可以实现实体间的并集、交集、差集运算。通过该运算，可以将多个形体组合成一个形体，从而实现一些特殊造型。布尔运算的工具按钮也位于"默认"选项卡下的"编辑"功能面板上，如图 4-30 所示。

（1）并集运算

并集运算是将两个或两个以上的实体合并成一个实体。执行命令后，选择需要合并的实体对象，按回车键或者单击鼠标右键进行确认，即可执行并集运算，如图 4-42 所示。

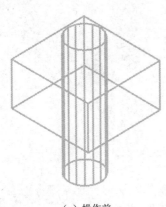 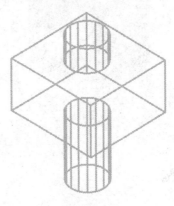

（a）操作前　　　　　　　　　　　　　　　　（b）操作后

图 4-42　并集运算

（2）差集运算

差集运算是将一个实体从另一个实体中减去，从而形成新的组合对象。执行命令后，先选取要从中减去其他实体的对象，按回车键或单击鼠标右键进行确认，然后选取要减去的实体对象，再按回车键或单击鼠标右键进行确认，即可执行差集运算，如图 4-43 所示。操作完成后，命令行显示如下：

```
命令：_subtract 选择要从中减去的实体、曲面和面域...
选择对象：找到 1 个          // 选择长方体。
选择对象：
选择要减去的实体、曲面和面域...
选择对象：找到 1 个          // 选择圆柱。
选择对象：
```

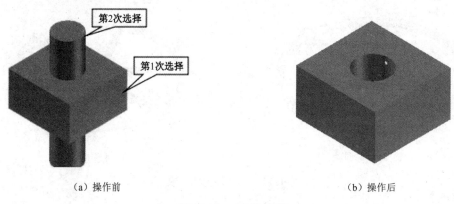

（a）操作前   （b）操作后

图 4-43 差集运算

（3）交集运算

交集运算就是将两个或多个实体的公共部分创建为一个新的实体。执行命令后，先选择需要参与交集运算的所有实体，然后按回车键或单击鼠标右键进行确认，即可执行交集操作，如图 4-44 所示。

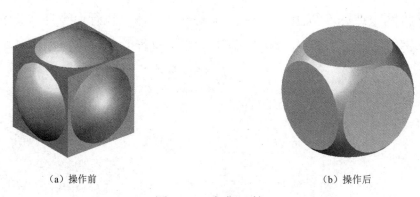

（a）操作前   （b）操作后

图 4-44 交集运算

任务实施

① 新建文件。在新建文件时选择"acadiso3D.dwg"模板文件。

② 绘制桌面。在"创建"功能面板上，单击"长方体"命令按钮，以坐标（-300，-300）

为第一角点、（300，300）为第二角点，绘制长为 600 mm、宽为 600 mm、高为 50 mm 的桌面，如图 4-45 所示。

③ 圆角处理。在"编辑"功能面板上，单击"圆角"命令按钮，对桌面进行圆角处理，圆角半径分别为 50 mm 和 15 mm，如图 4-46 所示。

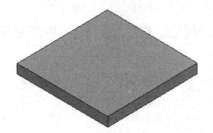

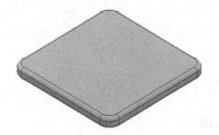

图 4-45 绘制桌面   图 4-46 圆角处理后的桌面

④ 绘制桌腿。在"创建"功能面板上，单击"圆柱体"命令按钮，以坐标（-200，-200）为圆柱底面圆心，绘制底面直径为 50 mm、高度为 300 mm 的圆柱，如图 4-47 所示。

⑤ 圆角处理。利用圆角命令对桌腿底部进行圆角处理，圆角半径为 10 mm。

⑥ 阵列桌腿。在"修改"功能面板上，单击"三维阵列"工具按钮，选择矩形阵列方式，将桌腿阵列。阵列的行数、列数均为 2，行间距、列间距均为 400 mm，如图 4-48 所示。

图 4-47 绘制桌腿   图 4-48 阵列桌腿

⑦ 并集运算。在"编辑"功能面板上，单击"并集"命令按钮，然后选择桌面和所有桌腿，将其合并为一个实体。

⑧ 保存文件。最后将文件保存为"方桌.dwg"。

🎒 任务总结

本任务比较简单，采用直接创建实体模型的方法，绘制了一个方桌。在绘制模型过程中，第一个关键点的拾取尤为重要，因为后面模型的创建都会以该点作为参照，若选择不好，会给后续的绘图工作带来很多不便。

◎ **思考与练习**

1．填空题

（1）利用直接创建楔体实体工具创建的楔体，其倾斜方向始终沿 UCS 的___轴正方向。

（2）使用圆角命令时，在选择要进行圆角处理的边后，按_____键，就可拖动圆角夹点调整圆角半径。

（3）执行差集布尔运算时，先选择_____对象，再选择_____对象。

2．选择题

（1）直接创建实体工具按钮位于（　　）功能面板上。

    A．创建　　　　B．编辑　　　　C．修改

（2）执行三维对齐命令，在选择对象并按回车键确认后，先定义的三个点是（　　　）。

    A．源平面　　　B．目标平面　　C．以上都对

3．操作题

绘制如图 4-49 所示的轮盘模型。

图 4-49　轮盘模型

任务3　节能灯模型的绘制与编辑

任务展示

绘制与编辑如图 4-50 所示的节能灯模型。

图 4-50　节能灯模型

任务分析

通过观察图 4-50 所示的节能灯模型，可以看到该模型由两部分组成，分别是主体和灯管，这两部分都比较复杂，不能用前面学习的直接创建实体模型工具来创建，但可以使用本任务学习的由特征生成实体模型工具来完成。下面就来学习在本模型绘制过程中用到的新知识。

- 掌握面域命令的使用
- 掌握由特征生成实体模型的方法
- 掌握按住并拖动命令的使用
- 掌握抽壳命令的使用

知识准备

1. 由特征生成实体模型

在 AutoCAD 2018 中，除了可以直接创建简单实体，也可以用平面的封闭图形（多段线或面域）通过特征创建实体模型。AutoCAD 2018 提供了四种创建实体的特征，分别是拉伸特征、旋转特征、扫掠特征和放样特征，这四种特征命令按钮位于"默认"选项卡下的"创建"功能面板上，如图 4-30 所示。在学习这几个特征以前，先来了解一下面域命令的使用。

（1）面域 ⬚

面域是指用闭合的二维图形创建的二维区域，该二维区域可以由一个或多个区域组成。可以采用以下两种方式执行面域命令：

- 直接在命令行输入 REGION 或者 REG，并按回车键确认。
- 进入"草图与注释"空间，在"默认"选项卡下，展开"绘图"功能面板，单击"面域"命令按钮，如图 4-51 所示。

图 4-51 "面域"命令按钮

执行命令后，根据命令行提示，选择对象后按回车键确认，即可生成面域。在"草图与注释"空间下，生成面域后的对象变成一个整体，如图 4-52（a）所示；进入"三维基础"空间，将显示样式设置为"着色"，可以发现，生成面域后的图形，就是一个面，如图 4-52（b）所示。

（2）拉伸特征 ⬚

利用该特征，可以将二维图形沿着指定的高度和路径将其拉伸为三维曲面或实体。若二维图形不是闭合的，或者二维图形尽管闭合但没有生成面域或形成多段线，那么拉伸时只能拉伸为曲面，如图4-53（a）、（b）所示；只有当封闭的二维图形生成面域或合并成多段线后，才能拉伸为实体，如图4-53（c）所示。

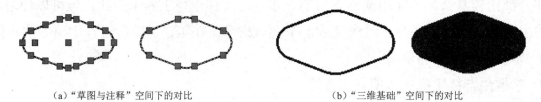

（a）"草图与注释"空间下的对比　　　　　　　　（b）"三维基础"空间下的对比

图4-52　面域生成前后对比

（a）未封闭图形拉伸　　　　　（b）封闭图形拉伸为曲面　　　　　（c）封闭图形拉伸为实体

图4-53　拉伸特征示例

下面以拉伸实体为例，介绍拉伸特征的使用。执行命令后，选择拉伸对象并按回车键确认，然后指定拉伸高度，即可将二维图形拉伸成三维实体。默认情况下，拉伸对象沿着 Z 轴方向进行拉伸，拉伸的高度既可是正值，也可是负值，正值表示沿着 Z 轴正方向拉伸，负值表示沿着 Z 轴负方向拉伸。操作完成后，命令行显示如下：

```
命令：_extrude        // 执行命令。
当前线框密度：ISOLINES=4，闭合轮廓创建模式 = 实体    // 当前拉伸模式。
选择要拉伸的对象或 [模式(MO)]:_MO 闭合轮廓创建模式 [实体(SO)/曲面(SU)]<实体>:_SO    // "模式(MO)"选项用来控制拉伸对象是实体还是曲面。
选择要拉伸的对象或 [模式(MO)]: 找到 1 个
选择要拉伸的对象或 [模式(MO)]:
指定拉伸的高度或 [方向(D)/路径(P)/倾斜角(T)/表达式(E)] <16.2304>:
```

指定拉伸高度时，若选择"方向（D）"选项，表示用两个指定点，指定拉伸的长度和方向，如图4-54所示。方向不能与拉伸轮廓所在的平面平行。

（a）拉伸前　　　　　　　　　　　　　　　　（b）拉伸后

图4-54　方向类型拉伸

若选择"路径（P）"选项，表示按照指定的路径来拉伸轮廓，这与后面要学习的扫掠相似，如图4-55所示。利用该方式拉伸时，路径不能与拉伸轮廓位于同一平面，拉伸的轮廓也不能在拉伸路径上发生自身相交，否则不能拉伸，如图 4-56 所示。

| （a）拉伸前 | （b）拉伸后 | （a）同面情况 | （b）产生自交情况 |

图 4-55 路径类型拉伸　　　　　　图 4-56 不能拉伸的情况

若选择"倾斜角（T）"选项，表示按照指定的角度进行拉伸。倾斜角介于-90°～90°之间，正值表示拉伸轮廓向中心倾斜，如图 4-57（a）所示；负值表示拉伸轮廓向外倾斜，如图 4-57（b）所示；当指定一个较大的倾斜角或较长的拉伸高度时，可能导致对象或对象的一部分在到达拉伸高度之前就已经汇聚到一点，如图 4-57（c）所示。

（a）拉伸角度为 10°　　　　　　（b）拉伸角度为-10°　　　　　　（c）拉伸角度为 45°

图 4-57 倾斜角类型拉伸

若选择"表达式（E）"选项，则表示输入公式或方程式来指定拉伸高度，这里不做介绍。

（3）旋转特征

利用该特征，可以将二维图形绕空间轴旋转以创建三维曲面或实体，开放的轮廓只能创建曲面，闭合的轮廓可创建曲面或实体，如图 4-58 所示。

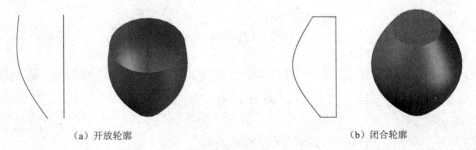

（a）开放轮廓　　　　　　　　　　（b）闭合轮廓

图 4-58 旋转特征示例

执行命令后，选择旋转轮廓并按回车键确认，再指定旋转轴上的两个点，即可将二维图形旋转成三维实体或曲面。默认旋转角度为 360°，且逆时针方向为旋转的正方向。操作完成后，命令行显示如下：

```
命令：_revolve
当前线框密度：ISOLINES=4，闭合轮廓创建模式 = 实体
选择要旋转的对象或 [模式(MO)]：_MO 闭合轮廓创建模式 [实体(SO)/曲面(SU)] <实体>：_SO
```

选择要旋转的对象或 [模式(MO)]：找到 1 个
选择要旋转的对象或 [模式(MO)]：
指定轴起点或根据以下选项之一定义轴 [对象(O)/X/Y/Z] <对象>：
指定轴端点：
指定旋转角度或 [起点角度(ST)/反转(R)/表达式(EX)] <360>：

指定旋转角度时，既可以输入精确数值，也可以拖动鼠标进行动态预览。若选择"起点角度（ST）"选项，表示旋转对象从所在平面偏移指定角度后，再开始旋转。同样，指定起点角度时，既可以输入精确数值，也可以拖动鼠标进行动态预览，如图 4-59 所示。

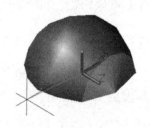 

（a）拖动鼠标预览角度　　　　　　　　　　（b）按指定角度旋转

图 4-59　指定角度旋转对象

（4）扫掠特征

利用该特征，可以将二维图形（截面轮廓）沿着指定的路径（开放或闭合）创建三维曲面或实体，如图 4-60 所示。

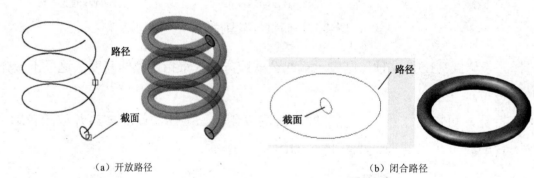

（a）开放路径　　　　　　　　　　　　　　（b）闭合路径

图 4-60　扫掠特征示例

执行命令后，先选择截面轮廓，并按回车键确认，然后指定扫掠路径，截面轮廓和扫掠路径不能位于同一平面内。操作完成后，命令行显示如下：

命令：_sweep
当前线框密度：ISOLINES=4，闭合轮廓创建模式 = 实体
选择要扫掠的对象或 [模式(MO)]：_MO 闭合轮廓创建模式 [实体(SO)/曲面(SU)] <实体>：_SO
选择要扫掠的对象或 [模式(MO)]：找到 1 个
选择要扫掠的对象或 [模式(MO)]：
选择扫掠路径或 [对齐(A)/基点(B)/比例(S)/扭曲(T)]：

指定扫掠路径时，若选择"对齐（A）"选项，表示指定是否对齐轮廓，以使其作为扫掠路径切向的方向，如图 4-61 所示。

|（a）扫掠前|（b）未对齐|（c）对齐|

图 4-61　对齐选项扫掠

若选择"基点（B）"选项，表示指定扫掠对象上的某一个点，沿着扫掠路径移动，如图 4-62 所示。

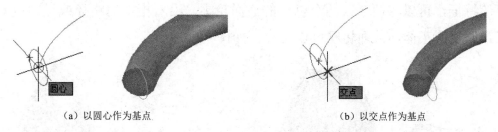

（a）以圆心作为基点　　　　　　　　　（b）以交点作为基点

图 4-62　基点选项扫掠

若选择"比例（S）"选项，表示指定扫掠的比例因子，使得从起点到终点的扫掠按此比例均匀地放大或缩小，如图 4-63 所示。

（a）比例因子为 2　　　　　　　　　（b）比例因子为 0.5

图 4-63　比例选项扫掠

若选择"扭曲（T）"选项，表示指定扫掠对象的扭曲角度，如图 4-64 所示。

（a）扫掠前　　　　　　（b）没有扭曲　　　　　　（c）扭曲角度为 50°

图 4-64　扭曲选项扫掠

说明：扫掠特征与前面学习的沿路径拉伸特征是有区别的，如果路径和截面轮廓不相交，拉伸命令会将生成对象的起点自动地移到截面轮廓上，沿着路径扫掠该轮廓，而扫掠命令会在路径所在位置生成新的截面轮廓，如图 4-65 所示。

（a）截面和路径不相交　　　　　　　（b）路径拉伸　　　　　　　　　（c）扫掠特征

图 4-65　路径拉伸与扫掠特征的比较

（5）放样特征

利用该特征，可以将两个或两个以上的截面轮廓，沿着指定的路径或导向运动进行扫描以创建三维曲面或实体，截面轮廓可以是点，如图 4-66 所示。

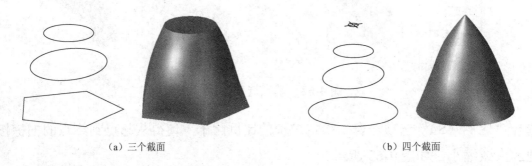

（a）三个截面　　　　　　　　　　　　　　　　（b）四个截面

图 4-66　放样特征示例

执行命令后，依次选择截面轮廓，连续两次按回车键确认，即可按照默认的路径进行放样。操作完成后，命令行显示如下：

```
命令：_loft
当前线框密度：ISOLINES=4，闭合轮廓创建模式 = 实体
按放样次序选择横截面或 [点(PO)/合并多条边(J)/模式(MO)]：_MO 闭合轮廓创建模式 [实体(SO)/曲面
(SU)] <实体>：_SO
按放样次序选择横截面或 [点(PO)/合并多条边(J)/模式(MO)]：找到 1 个
按放样次序选择横截面或 [点(PO)/合并多条边(J)/模式(MO)]：找到 1 个，总计 2 个
按放样次序选择横截面或 [点(PO)/合并多条边(J)/模式(MO)]：找到 1 个，总计 3 个
按放样次序选择横截面或 [点(PO)/合并多条边(J)/模式(MO)]：
选中了 3 个横截面
输入选项 [导向(G)/路径(P)/仅横截面(C)/设置(S)] <仅横截面>：
```

对于输入选项，若选择"导向（G）"选项，表示指定控制放样实体或曲面形状的导向曲线，即放样轨道，如图 4-67 所示。

若选择"路径（P）"选项，表示指定放样实体或曲面的单一路径，如图 4-68 所示。

若选择"仅横截面（C）"选项，表示放样时不需要导向或路径，按照默认的路径进行放样。

若选择"设置（S）"选项，表示打开如图 4-69 所示的"放样设置"对话框。

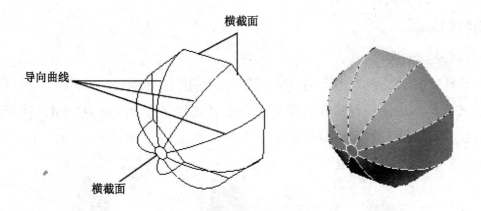

图 4-67 带有导向曲线的放样

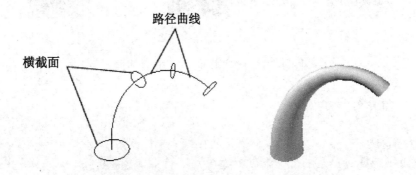

图 4-68 带有路径曲线的放样

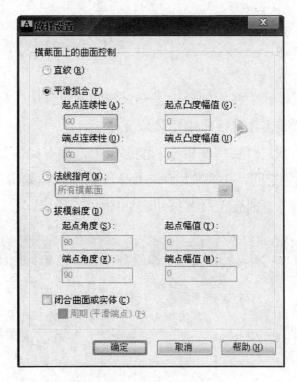

图 4-69 "放样设置"对话框

2. 实体编辑工具

（1）按住并拖动 📑

该命令位于"默认"选项卡下的"编辑"功能面板上，如图 4-30 所示。执行该命令，可对二维对象或三维实体面进行拉伸或偏移。单击"按住并拖动"命令按钮，执行拉伸操作；在按住 Ctrl 键的同时进行拖动，则执行偏移操作，如图 4-70 所示。

（a）原始　　　　　　　（b）拉伸　　　　　　　（c）偏移

图 4-70　按住并拖动三维实体面

操作完成后，命令行显示如下：

```
命令: _presspull
选择对象或边界区域:
指定拉伸高度或 [多个(M)]:        // 拖动操作面。
指定拉伸高度或 [多个(M)]:
已创建 1 个拉伸
选择对象或边界区域:
指定偏移距离或 [多个(M)]:        // 按住Ctrl键的同时拖动操作面。
1 个面偏移
```

（2）抽壳 🔲

抽壳是三维实体造型设计中常用的命令之一。在实际设计中，经常需要创建一些壳体。使用抽壳命令，即可将三维实体转换成中空体或壳体。

在"三维基础"空间下的"实体编辑"功能面板上，没有提供该命令按钮。要执行该命令，可以进入"三维建模"空间，在"常用"选项卡下的"实体编辑"功能面板上，单击"分割"命令的下拉箭头，单击"抽壳"命令按钮，如图 4-71 所示。

图 4-71　"三维建模"空间下的功能面板

操作完成后，命令行显示如下：

```
命令: _solidedit
实体编辑自动检查: SOLIDCHECK=1
输入实体编辑选项 [面(F)/边(E)/体(B)/放弃(U)/退出(X)] <退出>: _body
输入体编辑选项
[压印(I)/分割实体(P)/抽壳(S)/清除(L)/检查(C)/放弃(U)/退出(X)] <退出>: _shell
选择三维实体:
删除面或 [放弃(U)/添加(A)/全部(ALL)]: 找到一个面, 已删除 1 个。    // 选择1个或多个删除面并按回车
键确认。
输入抽壳偏移距离: 2    // 偏移距离取负值时, 三维实体的轮廓作为抽壳后的内表面, 如图4-72所示。
已开始实体校验。
已完成实体校验。
输入体编辑选项
[压印(I)/分割实体(P)/抽壳(S)/清除(L)/检查(C)/放弃(U)/退出(X)] <退出>: X。
```

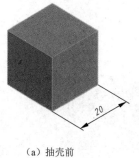
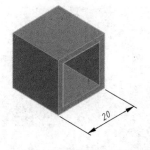
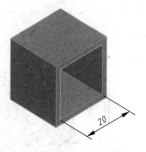

（a）抽壳前　　　　　　　　　　（b）抽壳偏移距离为2　　　　　　　　（c）抽壳偏移距离为-2

图 4-72　抽壳特征

　　说明：选择三维实体后直接选择删除面，然后按回车键确认后输入抽壳距离。若未选择删除面，则三维实体会抽壳成中空体，如图 4-73 所示；如果实体上有倒角或圆角，要注意倒角距离和圆角半径不要小于抽壳距离，否则会提示抽壳失败。

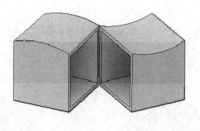

（a）抽壳前　　　　　　　　　　　　　　（b）抽壳后

图 4-73　未选择删除面抽壳成中空体

☑ 任务实施

　　① 新建文件。在新建文件时选择"acadiso3D.dwg"模板文件。

　　② 绘制二维图形。在 *XY* 平面上绘制如图 4-74 所示的二维图形。

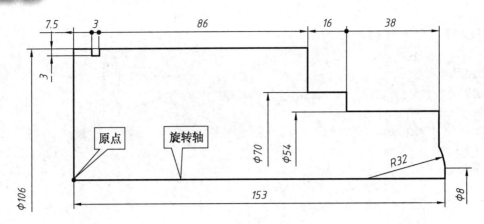

图 4-74　绘制二维图形

③ 生成面域。将上一步绘制的二维图形封闭区域生成面域，如图 4-75 所示。

图 4-75　生成面域

④ 旋转主体。在"创建"功能面板上，单击"旋转"命令按钮，将如图 4-75 所示的面域旋转为实体，如图 4-76 所示。

⑤ 圆角处理。选择如图 4-76 所示的边，进行圆角处理，圆角半径为 2 mm，如图 4-77 所示。

⑥ 倒角处理。选择如图 4-77 所示的边，进行倒角处理，两个倒角距离均为 3 mm，如图 4-78 所示。

图 4-76　旋转为实体　　　　图 4-77　圆角处理　　　　图 4-78　倒角处理

⑦ 创建用户坐标系。利用 UCS 命令，将坐标原点移至(0,0,25)处，X 轴、Y 轴、Z 轴方向不变，如图 4-79 所示。

（a）移动前　　　　　　　　　　　（b）移动后

图 4-79　创建用户坐标系

⑧ 绘制灯管部分的扫掠路径。利用多段线工具在 *XY* 平面内绘制如图 4-80 所示的二维图形，作为灯管部分扫掠的路径。

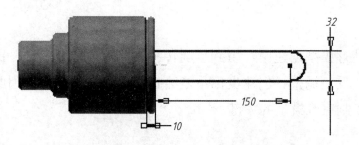

图 4-80　绘制灯管部分扫掠路径

⑨ 旋转坐标系。将当前坐标系沿 *Y* 轴旋转 90°，如图 4-81 所示。

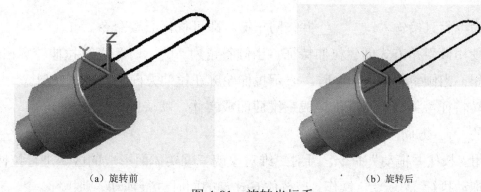

（a）旋转前　　　　　　　　　　　（b）旋转后

图 4-81　旋转坐标系

⑩ 绘制灯管部分的扫掠截面。利用圆工具在 *XY* 平面内绘制半径为 10 mm 的圆，圆心坐标为(0,-16)，如图 4-82 所示。

⑪ 绘制灯管部分。利用扫掠工具，以步骤⑩绘制的圆为截面，以步骤⑧绘制的多段线为路径，扫掠为实体，如图 4-83 所示。

⑫ 三维阵列。以节能灯主体部分的旋转轴为阵列中心，对步骤⑪绘制的灯管进行环形阵列，阵列个数为 3。

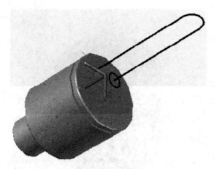
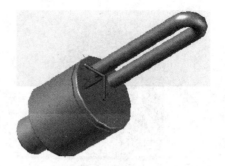

图 4-82　绘制灯管部分扫掠截面　　　　　　　图 4-83　扫掠为实体

⑬ 并集运算。将节能灯的主体、灯管进行并集布尔运算，将其合并为一个实体，结果如图 4-50 所示。

⑭ 抽壳。将合并后的节能灯实体抽壳成中空体，抽壳距离为 1 mm。

⑮ 保存文件。最后将文件保存为"节能灯.dwg"。

任务总结

在本任务的节能灯模型创建中，用到了旋转和扫掠两个特征工具，比较简单。在复杂三维模型绘制过程中，反复调整、创建坐标系是绘制过程的必要环节，因此熟练调整、创建用户坐标系，是快速绘制三维模型的关键。

◎ 思考与练习

1．填空题

（1）在命令行直接输入_____并按回车键，即可执行面域命令。

（2）若使用倾斜角方式创建拉伸特征，当倾斜角为_____时，表示拉伸轮廓在拉伸方向上向中心倾斜；当倾斜角为_____时，表示拉伸轮廓在拉伸方向上向外侧倾斜。

（3）旋转特征可将二维图形旋转成三维曲面或实体，默认旋转角度为_____，且逆时针方向为旋转的_____方向。

（4）使用"按住并拖动"命令，可对二维对象或三维实体面形成的区域进行拉伸或偏移。直接按住并拖动执行_____操作；在按住 Ctrl 键的同时进行拖动，则执行_____操作。

2．选择题

（1）使用扫掠特征时，下列关于扫掠截面和路径的说法，正确的是（　　　）。

　　A．截面和路径必须相交

　　B．先选择路径，再选择截面

　　C．截面和路径不能位于同一平面内

（2）关于放样特征，下列说法错误的是（　　　）。

  A．放样的截面可以是封闭轮廓也可以是尖点

  B．放样的多个截面不能位于同一平面内

  C．放样的多个截面必须位于互相平行的平面内

（3）关于抽壳特征，下列说法错误的是（ ）。

  A．删除面可以选择一个或多个

  B．若不选择删除面，会提示"请选择删除面"

  C．偏移距离既可以是正值，也可以是负值

3．操作题

（1）绘制如图 4-84 所示的水杯模型。

（2）绘制如图 4-85 所示的五角星模型。

图 4-84　水杯模型

图 4-85　五角星模型

模块 5

图纸布局和打印

【学习目标】

- 掌握模型空间与图纸布局的基本概念
- 熟练掌握创建图纸布局和相关视图的方法
- 掌握在模型空间中打印图纸的操作方法
- 掌握在图纸布局中打印图纸的操作方法

AutoCAD 2018 提供了"模型空间"和"图纸布局",一般是在模型空间中进行绘图和修图等工作,一旦图形完成之后,可以选择在模型空间中直接打印,或是切换到图纸布局,对图形做适当的布局之后再打印。另外,为了方便查看图形,可以创建多个浮动视口,在每一个浮动视口中还可以包含不同的视图。

任务 1 图纸布局

学习目标

- 掌握模型空间与图纸布局的基本概念
- 熟练掌握使用布局向导创建图纸布局的方法
- 熟练应用各种命令创建多种视图

学习内容

1. 模型空间

模型空间中的"模型"是指在 AutoCAD 中用绘制与编辑命令生成的代表现实世界物体的对象，而模型空间是建立模型时所处的工作环境，因此用户使用 AutoCAD 首先是在模型空间工作。当启动 AutoCAD 后，默认处于模型空间，绘图窗口下面的"模型"选项卡是激活的，而"布局"选项卡是未激活的，如图 5-1 所示。

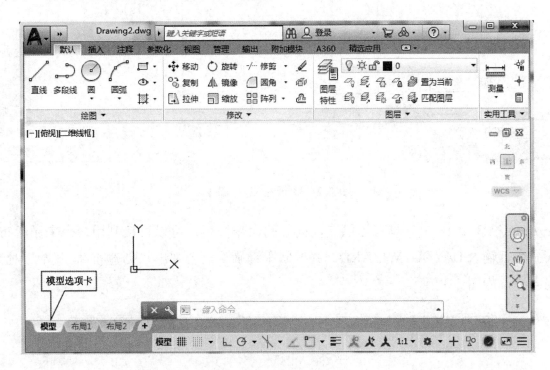

图 5-1 模型空间

2. 图纸布局

图纸布局中的"图纸"与真实的图纸相对应，而图纸布局是设置、管理视图的 AutoCAD 环境。如果模型是一个三维对象，在图纸布局中还可以显不同从不同方位观察模型对象的视图，并且在图纸布局中还可以定义图纸大小、生成图框和标题栏。绘图过程中如果需要从模型空间切换到图纸布局，只需要单击绘图区域下方的"布局"选项卡即可。

所谓"布局"，就相当于图纸环境，一个布局就是一张图纸，如图 5-2 所示。在一个图形文件中，模型空间只有一个，而布局可以设置多个，这样就可以用多张图纸布局，多角度地反映同一个实体或图形对象。要想通过布局输出图形，首先要创建布局，然后在布局中打印出图。可以采用以下两种方式创建布局。

- 使用"布局向导"命令创建一个新布局。
- 通过"布局"选项卡创建一个新布局。

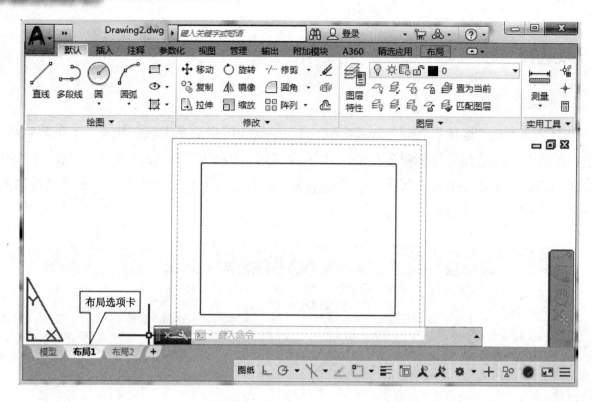

图 5-2　图纸布局-布局 1

在 AutoCAD 2018 中并没有提供布局向导的命令按钮，可以直接利用命令来激活布局向导。在命令行输入 LAYOUTWIZARD，并按回车键确认，会弹出"创建布局-开始"对话框，即布局向导，如图 5-3 所示。

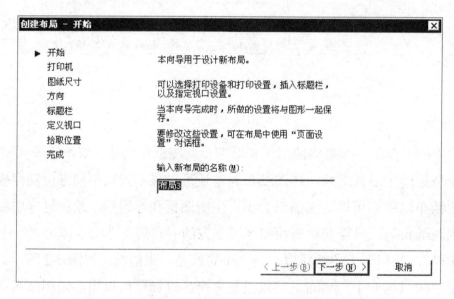

图 5-3　"创建布局-开始"对话框

在"开始"选项中输入新布局名称后，单击"下一步"按钮进入"创建布局-打印机"对话框，为新布局设置打印机，如图 5-4 所示。完成设置后单击"下一步"按钮，进入"图纸尺寸"对话框，在该对话框中可以设置图纸大小，如图 5-5 所示。完成设置后单击"下一步"

按钮，进入"创建布局-方向"对话框，在该对话框中可以设置图形在图纸上的方向，如图 5-6 所示。完成设置后单击"下一步"按钮，进入"创建布局-标题栏"对话框，在该对话框中可以选择要布局的标题栏，并且将标题栏的"类型"为"块"，如图 5-7 所示。注意：此处仅有两个默认的标题栏，并且不符合国家标准，需要用户自己制作标题栏，并将其保存至 Template 模板文件夹中，具体方法可参考模块 1 中相关内容。完成设置后单击"下一步"按钮，进入"创建布局-定义视口"对话框，在该对话框中可以设置新建布局中的视口个数、类型及视口比例，如图 5-8 所示。完成设置后单击"下一步"按钮，进入"创建布局-拾取位置"对话框，在该对话框中单击"选择位置"按钮，如图 5-9 所示，AutoCAD 切换到绘图窗口，可以通过指定对角点确定视口的位置和大小，如图 5-10 所示。最终创建完成的视口如图 5-11 所示。

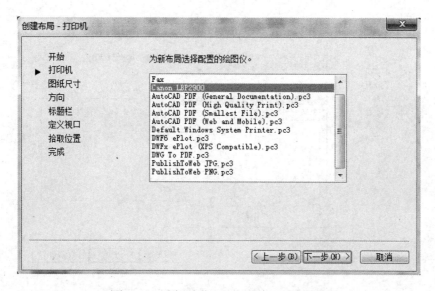

图 5-4　"创建布局-打印机"对话框

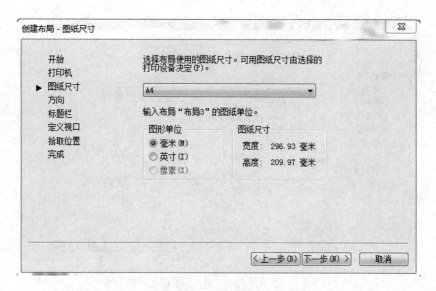

图 5-5　"创建布局-图纸尺寸"对话框

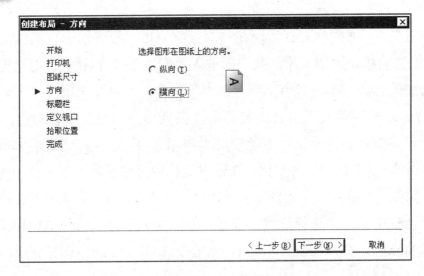

图 5-6 "创建布局-方向"对话框

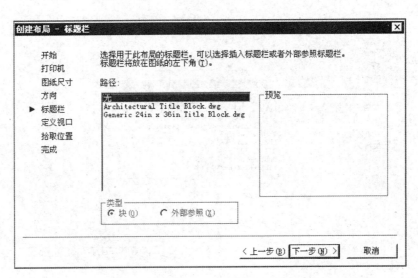

图 5-7 "创建布局-标题栏"对话框

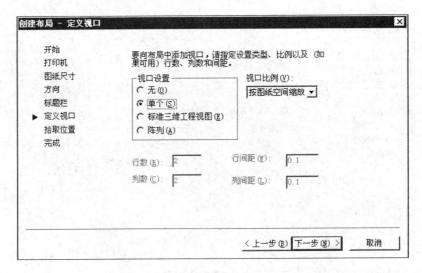

图 5-8 "创建布局-定义视口"对话框

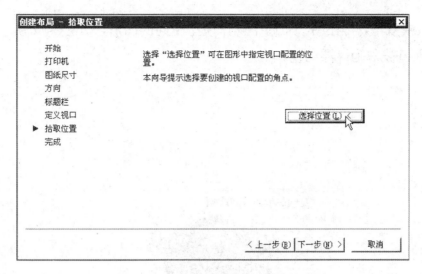

图 5-9　"创建布局-拾取位置"对话框

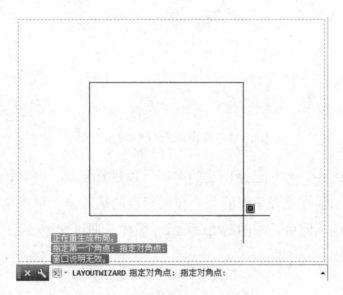

图 5-10　确定视口的位置

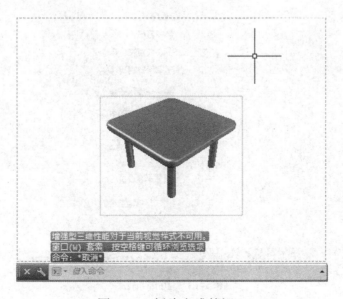

图 5-11　创建完成的视口

在这个视口中双击，可在图纸布局中操作模型空间的图形，如图 5-12 所示。在 AutoCAD 2018 中，这种视口被称为"浮动视口"。

图 5-12　在图纸布局中操作模型

在 AutoCAD 2018 中，对于已经创建的布局可以进行复制、删除、重命名等编辑操作。相关操作比较简单，只需在需要编辑的某个布局对应的选项卡上单击鼠标右键，在弹出的快捷菜单中选择相应的选项即可，如图 5-13 所示。同样，通过如图 5-13 所示的快捷菜单也可以创建一个新的布局。

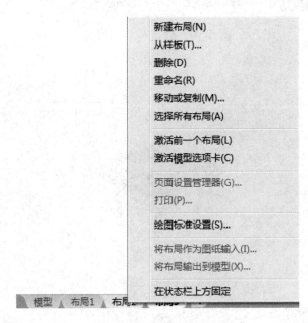

图 5-13　布局编辑

3. 创建多个视口

在 AutoCAD 2018 中，布局中的浮动视口可以是任意形状的，个数也不受限制，可以根据需要在一个布局中创建多个新的视口，每个视口可显示图形的不同视图。可以利用"布局"选项卡下的"布局视口"功能面板创建需要的视口，如图 5-14 所示。

图 5-14　"布局视口"功能面板

下面以图 5-11 所示的方桌为例介绍制作视口常用的几个工具。

（1）制作矩形视口

制作矩形视口时，选择"布局视口"功能面板上的"矩形"视口命令，然后在布局窗口中通过指定对角点确定视口的位置和大小，即可完成矩形视口制作，如图 5-15 所示。

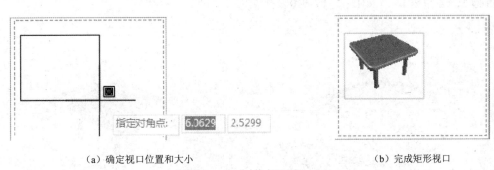

（a）确定视口位置和大小　　　　　　　（b）完成矩形视口

图 5-15　制作矩形视口

（2）制作多边形视口

单击"矩形"视口命令的下拉箭头，选择"多边形"视口命令，如图 5-16（a）所示。然后在布局窗口中通过指定多边形的各个角点来确定视口的位置和大小，在完成封闭多边形最后一个角点时，单击鼠标右键打开快捷菜单，选择"确认"选项，即可完成多边形视口制作，如图 5-16（b）～（d）所示。

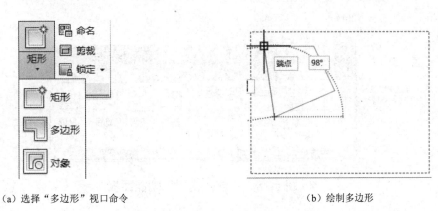

（a）选择"多边形"视口命令　　　　　　（b）绘制多边形

图 5-16　制作多边形视口

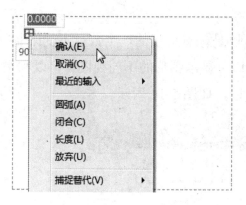

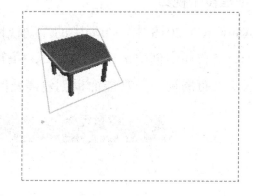

（c）选择"确认"选项　　　　　　　　　　　　　　（d）完成多边形视口

图 5-16　制作多边形视口（续）

（3）将图形对象转化为视口

可以将现有封闭图形转化为视口。首先在布局窗口中绘制一个椭圆，如图 5-17（a）所示，选择"布局视口"功能面板上的"对象"视口命令，然后在布局窗口中指定已有的椭圆，即可将图形对象转化为视口，如图 5-17（b）所示。

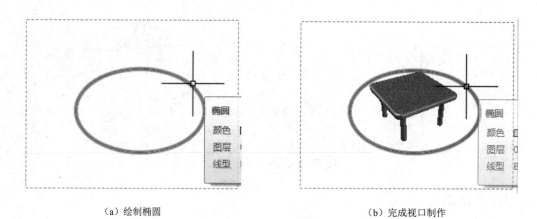

（a）绘制椭圆　　　　　　　　　　　　　　　　（b）完成视口制作

图 5-17　制作图形对象视口

4．创建视图

利用"布局"选项卡下的"创建视图"功能面板，可以创建模型的多角度投影视图，如图 5-18 所示。

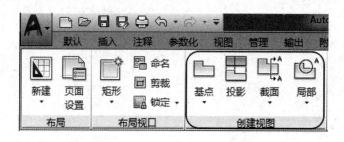

图 5-18　"创建视图"功能面板

（1）基础视图

在 AutoCAD 2018 中，可以为两种模型创建基础视图：在 AutoCAD 中绘制的三维模型，在 Inventor 中绘制的三维模型。这里以数字资料包中的"模块 5\任务 1\桌子.dwg"文件为例介绍基础视图的创建。

首先把布局中原来的视口删除，然后单击"基点"下拉列表中的"从模型空间"选项，如图 5-19 所示。AutoCAD 2018 会自动创建并进入"工程视图创建"选项卡，如图 5-20 所示。在选项卡里可以进行相关设置。

图 5-19   "从模型空间"选项

图 5-20   "工程视图创建"选项卡

直接在图纸布局中的适当位置单击以确定视图位置，确定位置后弹出选择菜单，在选择菜单中可对方向、隐藏线、比例等进行设置，如图 5-21 所示。若不需要设置可选择"退出"选项，完成基础视图的创建。此时在基础视图的不同方向上单击可放置投影视图，若不需要可单击鼠标右键，直接完成基础视图的创建，结果如图 5-22 所示。

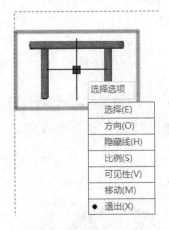

图 5-21   视图选择选项

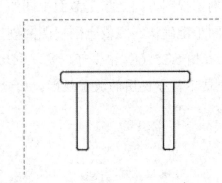

图 5-22   完成基础视图创建

（2）投影视图

基础视图制作完成后，若需要创建投影视图，可单击"创建视图"功能面板中的"投影"命令按钮，选择基础视图，在不同方向上拖动鼠标，在合适位置单击，即可创建不同方向上的投影视图，如图 5-23 所示。最后按回车键或者在鼠标右键菜单中选择"确定"选项，即可完成投影视图的放置，如图 5-24 所示。

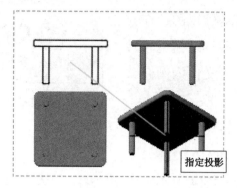

图 5-23　不同方向上的投影视图

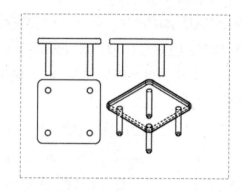

图 5-24　完成投影视图放置

（3）截面视图

截面视图即剖视图，单击"截面"命令按钮的下拉箭头打开下拉菜单，通过其中的选项可以创建全剖、半剖、阶梯剖、旋转剖等剖视图，并可以使用"从对象"命令进行局部剖，如图 5-25（a）所示。这里以数字资料包中的"模块 5\任务 1\轮盘.dwg"文件为例介绍全剖视图的创建步骤。

① 单击"全剖"选项。

② 选择需要剖切的父视图，如图 5-25（b）所示，此时在菜单栏上将显示"截面视图创建"选项卡，如图 5-25（c）所示，在该选项卡下可以对截面视图的外观、方式、注释、图案填充等进行设置。

③ 指定剖切位置的第一个点，如图 5-25（d）所示。

④ 指定剖切位置的第二个点，如图 5-25（e）所示。

⑤ 按回车键确认或者在鼠标右键菜单中选择"确认"选项。

⑥ 在剖切视图方向上指定截面视图的方向和位置，如图 5-25（f）所示。

⑦ 按回车键确认，完成全剖视图的创建，如图 5-25（g）所示。

说明：在图 5-25（f）中，可以发现剖切视图的放置方向和父视图中剖切符号的箭头方向正好相反，这不符合视图的放置规则，因此需要将剖视图移至父视图的左侧。

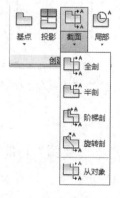

（a）截面视图类型

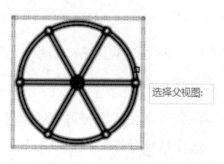

（b）选择父视图

图 5-25　创建截面视图

（c）"截面视图创建"选项卡

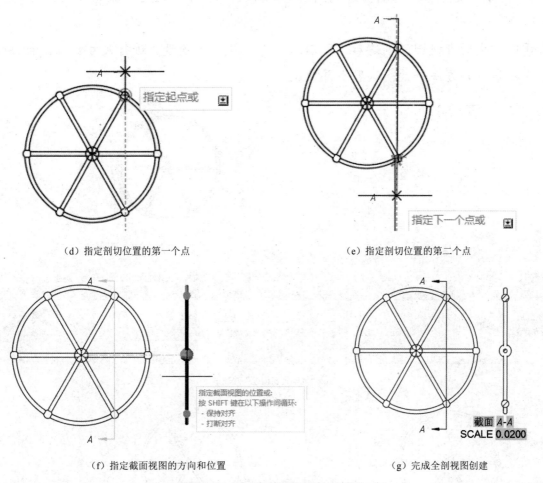

（d）指定剖切位置的第一个点

（e）指定剖切位置的第二个点

（f）指定截面视图的方向和位置

（g）完成全剖视图创建

图 5-25　创建截面视图（续）

（4）局部视图 📷

局部视图即局部放大视图。由于在放置视图时，受图幅和比例因素的影响，有些结构不能表达清楚，因此需要对这部分结构用大于原图所采用的比例来绘制，以便更清晰地表达该部分结构，绘制的这种视图就是局部放大视图。

局部放大视图的边界轮廓有矩形和圆形两种，如图 5-26（a）所示。这里仍以数字资料包中的"模块 5\任务 1\轮盘.dwg"文件为例介绍局部视图的创建步骤。

① 单击"局部"按钮，在下拉菜单中选择"矩形"选项。

② 选择需要局部放大的父视图，如图 5-26（b）所示，此时在菜单栏上将显示"局部视图创建"选项卡，如图 5-26（c）所示，在该选项卡下可以对局部视图的外观、边界、模型边、注释等进行设置。

③ 指定局部放大位置的圆心，如图 5-26（d）所示。

④ 向外引导光标，在适当位置单击鼠标，指定局部放大位置的边界，如图 5-25（e）所示。

⑤ 在布局的适当位置单击鼠标，确定放置局部放大视图的位置，在弹出的菜单中选择"比例"选项，如图 5-25（f）所示，在命令行输入合适的比例。

⑥ 若不需要进行其他设置，则按回车键确认，即可完成局部放大视图的创建，如图 5-25（g）所示。

说明：完成所有视图的创建后，可以进入"注释"选项卡，进行尺寸标注，标注方法和在模块 3 中学习的方法一致，这里不再赘述。

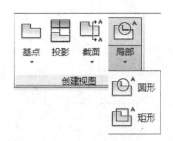

（a）局部视图边界类型

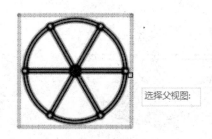

（b）选择父视图

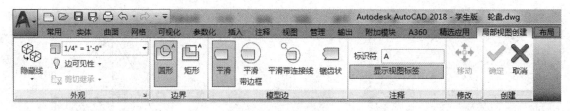

（c）"局部视图创建"选项卡

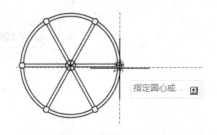

（d）指定局部放大位置的圆心

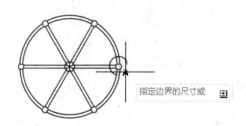

（e）指定局部放大位置的边界

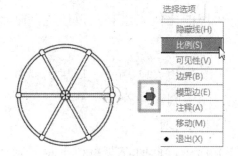

（f）选择局部放大视图的比例

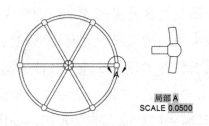

（g）完成局部放大视图的创建

图 5-26　创建局部视图

5．视图编辑

有时在创建的视图上还需要做一些更改，如视图位置的移动、视图的显示方式及视图比例的修改等。视图编辑的方法有多种，下面介绍几种常用的方法。

（1）夹点编辑

选择要编辑的视图后，视图中会出现两个夹点，一个是中心夹点，另一个是视图比例夹点，如图 5-27 所示。单击并拖动中心夹点，会移动视图位置，如图 5-28 所示；单击视图比例夹点的下拉箭头，可改变视图比例，如图 5-29 所示。

图 5-27　视图夹点

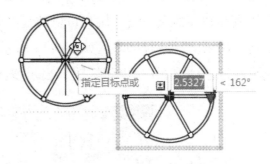

图 5-28　移动视图位置

另外在选择视图后还会在菜单栏创建"工程视图"选项卡，在该选项卡下，也可以创建除基础视图以外的其他视图，或者进行编辑视图等相关操作，如图 5-30 所示。

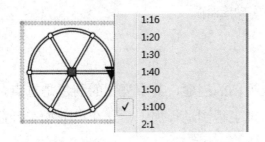

图 5-29　更改视图比例

图 5-30　"工程视图"选项卡

（2）编辑视图

"编辑视图"位于"布局"选项卡下的"修改视图"功能面板上，如图 5-31 所示。执行该命令后，根据命令行提示首先选择要编辑的视图，选择完视图后，菜单栏创建"工程视图编辑器"选项卡，如图 5-32 所示。在该选项卡下，可以对视图模型的选择、外观、图案填充等进行编辑。

图 5-31　"修改视图"功能面板

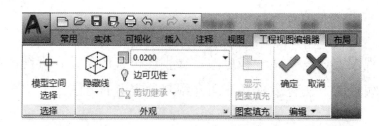

图 5-32　"工程视图编辑器"选项卡

（3）更新视图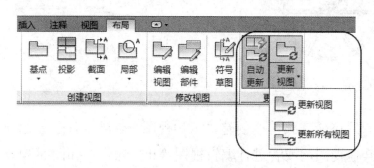

在 AutoCAD 2018 中，三维模型和由其生成的二维工程视图是关联的，即修改三维模型，二维工程视图也将跟随变化。用户可以通过"更新"功能面板上的"自动更新"和"更新视图"两个工具按钮来实现这种关联，如图 5-33 所示。"自动更新"表示在修改三维模型后，所有的工程视图都将自动更新；"更新视图"表示修改三维模型后，可选择不同的视图进行更新。

图 5-33　"更新"功能面板

任务总结

在本任务中，我们学习了图纸布局、视口及视图的创建，其中视图的创建是重点，我们可以通过视图的创建，将一些三维模型转换成二维工程图进行加工，这在机械加工行业是非常重要的。

◎ 思考与练习

1. 填空题

（1）根据视口形状划分，制作视口的工具有_____、_____ 和_____三种。

（2）在命令行输入_____并按回车键确认，可执行"布局向导"命令。

（3）在图纸布局中，选择视图后，视图中会显示_____、_____两个夹点。单击并拖动_____夹点，可移动视图；单击_____夹点，可改变视图比例。

（4）在"更新"功能面板上，有_____和_____两个更新工具按钮。

2．选择题

（1）下面关于模型空间和图纸布局空间的说法，正确的是（　　）。

　　A．模型空间可以添加或删除

　　B．图纸布局空间可以添加或删除

　　C．图纸布局空间是唯一的

（2）采用截面视图工具，不可以创建（　　）视图。

　　A．全剖视图

　　B．半剖视图

　　C．局部放大视图

（3）选择视图后，会在菜单栏创建"工程视图"选项卡，在该选项卡下不能创建的视图是（　　）。

　　A．投影视图

　　B．截面视图

　　C．基础视图

3．操作题

（1）打开数字资料包中"模块5\任务1\五角星.dwg"文件，新建名为"五角星"的图纸布局，并在该图纸布局中创建如图5-34所示的视口。

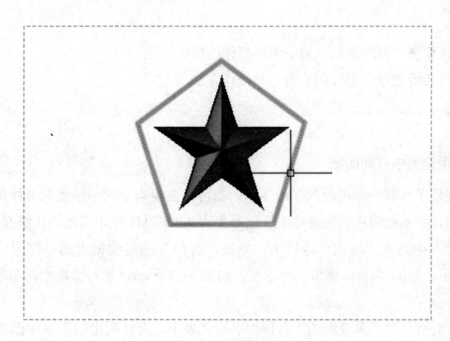

图5-34　创建视口

（2）打开数字资料包中"模块5\任务1\水杯.dwg"文件，在名为"布局1"的图纸布局中，为其创建基础视图、投影视图、截面图及局部放大图，如图5-35所示。

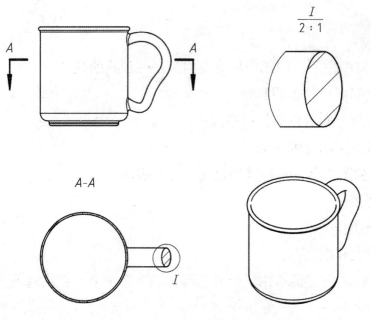

图 5-35　创建视图

任务 2　图纸打印

学习目标

● 掌握在模型空间和图纸布局中图纸打印的操作方法
● 了解将图纸进行电子打印的概念和操作方法

学习内容

1. 在模型空间中打印图纸

如果只创建了具有一个视图的二维图形，则可以在模型空间中创建图纸并在其中直接对图纸进行打印，而不必使用布局选项卡，这是使用 AutoCAD 打印图纸的传统方法。

在模型空间中进入"输出"选项卡，单击"打印"功能面板上的"打印"命令按钮，如图 5-36 所示，弹出"打印-模型"对话框，如图 5-37 所示，该对话框中的各项含义说明如下。

（1）在"页面设置"选项组的"名称"下拉列表中，选择列出的图形中已命名或已保存的页面设置作为当前页面设置，也可以单击"添加"按钮，基于当前设置创建一个新的页面设置。

图 5-36 "打印"功能面板

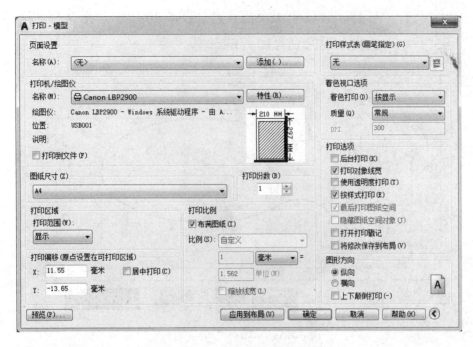

图 5-37 "打印-模型"对话框

（2）在"打印机/绘图仪"选项组的"名称"下拉列表中，选择打印机，如图 5-38 所示。如果计算机上真正安装了一台打印机，则可以选择本地打印机；如果没有安装打印机，则选择 AutoCAD 提供的虚拟电子打印机"DWF6 ePlot.pc3"。

图 5-38 选择打印机

提示：单击"名称"选项后面的"特性"按钮，可以查看或修改当前绘图仪的配置、端口、设备和文档设置。另外如果选择"打印到文件"选项，则仅输出一个打印文件让用户将打印设置保存起来而不是真正打印。

图 5-39　选择打印范围

（3）在"图纸尺寸"选项组的下拉列表中，选择纸张的尺寸，根据图形大小选择标准大小的纸张。

（4）在"打印区域"选项组的"打印范围"下拉列表中，选择要打印的图形区域，如图5-39所示。

① 若选择"窗口"方式，选择后将返回图形区，根据提示指定要打印区域的两个角点，如图5-40所示，指定打印区域的角点后，会自动返回到打印窗口。

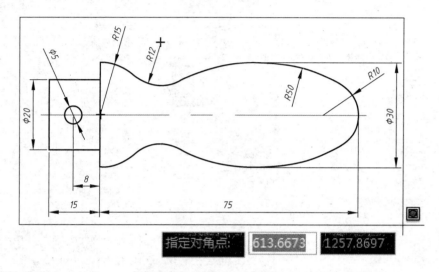

图 5-40　"窗口"方式打印

② 若选择"范围"方式，则打印当前模型空间中的所有对象图形。

③ 若选择"图形界限"方式，则打印"图形界限（LIMITS）命令"定义的整个绘图区域。

④ 若选择"显示"方式，则打印在当前模型空间内能够显示的所有视图，通过缩放窗口可以调节打印范围。

此处一般选用"窗口"方式指定打印区域。

（5）在"打印偏移"选项组中，可以指定打印区域相对于可打印区域左下角或图纸边界的偏移，一般选中"居中打印"复选框，让图形在图纸的中间区域打印。

（6）在"打印比例"选项组中，可以指定打印图形与打印所选图纸之间的相对比例。取消"布满图纸"复选框，在"比例"下拉列表中选择"1：1"选项，如图5-41所示，这个比例可以保证打印出的图纸是规范的1：1工程图，而不是随意的出图比例。当然，如果仅仅是检查图纸，可以使用"布满图纸"选项，以最大化的形式打印出图形。另外打印大尺寸的图形时可以根据需要选择合适的比例。

（7）在"打印样式表"选项组中，可以指定打印时输出图形的线条颜色、粗细及透明度等，通常选择"monochrome.ctb"选项，该模式表示将所有颜色的图线都打印成黑色，确保打印出规范的黑白工程图纸，而非彩色或灰度的图纸。

（8）在"着色视口选项"选项组中，单击"着色打印"右边的下拉箭头，可以指定打印时的图形显示方式和图形分辨率，如图 5-42 所示。

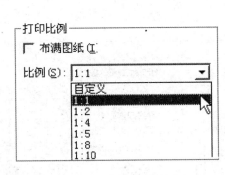

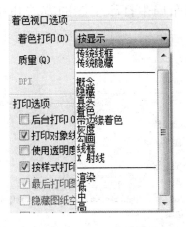

图 5-41 选择打印比例　　　　　　　　图 5-42 选择着色方式

（9）在"打印选项"选项组中，可以设置打印时的一些特殊要求，一般按默认设置即可。

（10）在"图形方向"选项组中，可以指定图形是纵向还是横向打印，一般按图形形状合理设置即可。

相关设置完成后，可以单击"打印-模型"对话框左下角的"预览"按钮，进行打印预览。在预览图形的鼠标右键快捷菜单上，选择"打印"，如图 5-43 所示，或单击"退出"返回"打印-模型"对话框。最后单击对话框下面的"确定"按钮，完成打印设置并打印。

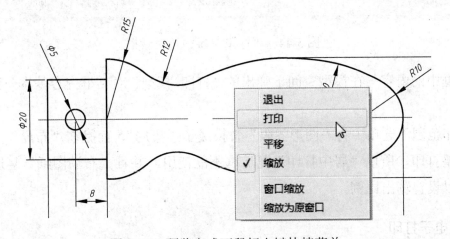

图 5-43 预览方式下鼠标右键快捷菜单

2．在图纸布局中打印图纸

通过前面的学习，我们看到在模型空间中打印图纸，操作比较简单，但是如果绘制大型建筑图纸，常常会遇到标注文字、线型比例等问题，如模型空间中绘制 1∶1 的图形，想要以 1∶10 的比例出图，在文字书写和标注的时候就必须将文字和标注放大 10 倍，线型比例也要放大 10 倍，才能在模型空间中按正确的 1∶10 的比例打印出标准的工程图纸。这个问题在图纸布局中解决就要方便得多，因为图纸布局实际上可以看作是一个打印的排版，创建布局的时候，很多打印时需要设置的内容（如打印设备、图纸尺寸、图纸比例、打印方向等）都已经设好了，因此打印时不需要再进行设置。

在图纸布局中打印出图的方法和在模型空间中的方法一样，只是注意将选项卡切换到"布局"，然后单击"打印"功能面板上的"打印"命令按钮，弹出"打印-布局1"对话框，如图 5-44 所示。

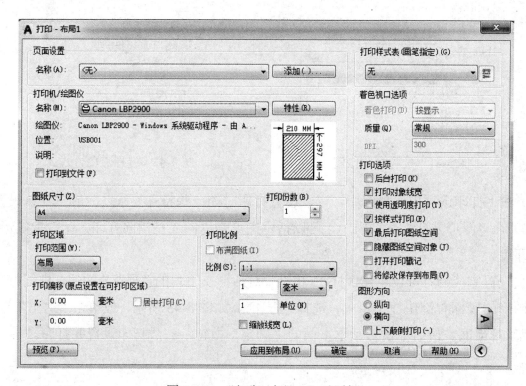

图 5-44 "打印-布局 1"对话框

该对话框中的内容与在模型空间下弹出的"打印-模型"对话框内容基本一致，不同之处介绍如下：

在"打印范围"选项中将"图形界限"替换成了"布局"，而且在"布局"方式下，是按当前布局完整打印，所以"居中打印"复选框不能使用，并且"布满图纸"复选框也不能使用，但是可以设置输出比例。

3. 二维电子打印

从 AutoCAD 的早期版本开始，就提供了新的图形输出方式，即把图形输出为 DWF 格式或 PDF 格式的电子文件，这种图形输出通常叫作电子打印。PDF 文件大家都熟悉，这里介绍一下 DWF 文件。

DWF 文件是一种矢量图形文件，它只能阅读，不能修改，但是能够支持平移和缩放，适合在网络中传送，用户可以利用 Autodesk Design Review 进行查看。

输出二维电子打印文件的方式有两种：一种可以通过程序菜单中的"输出"选项，输出电子打印文件，如图 5-45 所示；另一种可以在"输出"选项卡下，通过"输出为 DWF/PDF"功能面板上的命令按钮输出电子打印文件，如图 5-46 所示。下面以输出 DWF 文件为例，介绍二维电子打印的使用。

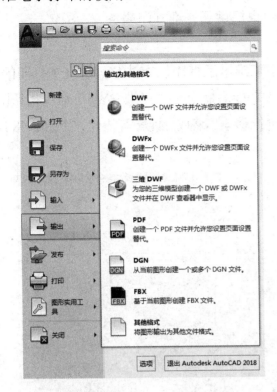

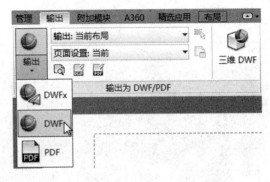

图 5-45　输出电子打印文件方式一　　　　图 5-46　输出电子打印文件方式二

　　单击"输出"命令下拉列表中的"DWF"选项，如图 5-45 所示，弹出"另存为 DWF"对话框，如图 5-47 所示，在该对话框中可以进行相应设置，最后单击"保存"按钮，完成二维电子打印。

图 5-47　"另存为 DWF"对话框

4．三维打印

随着 3D 打印技术的风靡，AutoCAD 2018 中也提供了三维打印服务。

（1）三维电子打印

要将 AutoCAD 2018 中绘制的三维模型输出三维电子打印，方法与二维电子打印的方法一样，在输出时，只需单击"输出为 DWF/PDF"功能面板上的"三维 DWF"命令按钮即可。用户在生成的三维 DWF 文件中，也可以对模型进行移动、缩放、旋转等操作，如图 5-48 所示。

图 5-48　三维 DWF 文件

（2）3D 打印

AutoCAD 2018 中的三维打印命令按钮位于"输出"选项卡下的"三维打印"功能面板上，如图 5-36 所示。可以看到在该功能面板上，提供了两个命令按钮。

① 发送到三维打印服务

通过该命令，可以将在 AutoCAD 2018 中绘制的三维模型，生成 STL 文件，然后用其他的切片软件进行 3D 打印。

执行该命令后，弹出"三维打印-准备打印模型"对话框，如图 5-49 所示。在该对话框中选择"继续"，返回到绘图区，在绘图区选择要打印的模型并按回车键确认后，弹出"三维打印选项"对话框，如图 5-50 所示。在该对话框中可以对输出比例等进行设置，最后单击"确定"按钮，完成输出设置，弹出"创建 STL 文件"对话框，如图 5-51 所示。选择保存路径及文件名，最后单击"保存"按钮，完成三维打印服务。

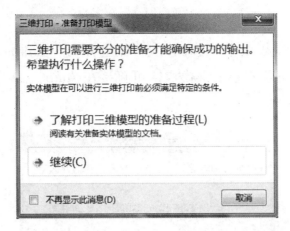

图 5-49　"三维打印-准备打印模型"对话框

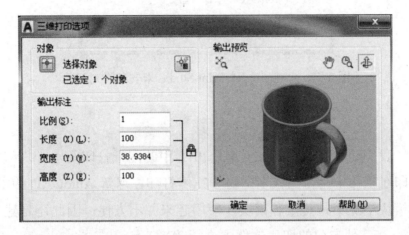

图 5-50　"三维打印选项"对话框

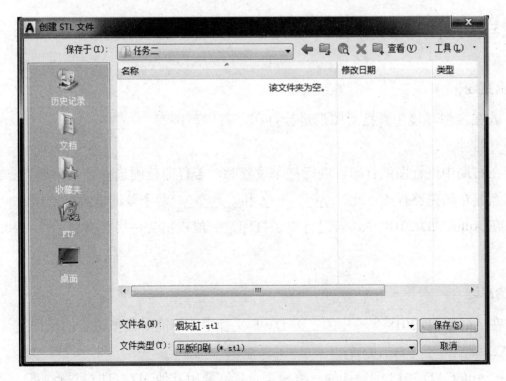

图 5-51　"创建 STL 文件"对话框

② Print Studio

单击该按钮后，若没有安装 3D 打印模块，则会弹出"三维打印 Print Studio 未安装"对话框，如图 5-52 所示。若安装了该模块，可直接在 AutoCAD 中进行 3D 打印，这里不再介绍。

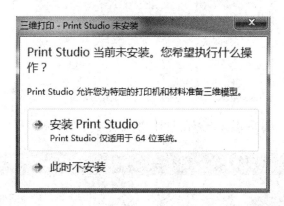

图 5-52　"三维打印 Print Studio 未安装"对话框

任务总结

在本任务中，我们简单学习了 AutoCAD 2018 中的图纸打印及电子打印等相关内容。特别是二维图纸打印在工作中用得比较多。对于三维打印，尽管 AutoCAD 2018 提供了三维打印模块，但是该模块毕竟不是其核心模块，使用起来并不方便，因此还是建议读者将三维模型生成 STL 文件，在其他专门的切片软件中进行 3D 打印。

◎ 思考与练习

1．填空题

（1）若在模型环境中直接对图形进行打印，打印范围有＿＿＿＿、＿＿＿＿、＿＿＿＿和＿＿＿＿＿四种。

（2）在布局中进行图纸打印，进行打印设置时，若打印范围选择了"布局"方式，那么就会按照当前布局完整打印，此时＿＿＿＿＿和＿＿＿＿两个复选框不能选用。

（3）在 AutoCAD 2018 中，若进行电子打印，一般输出文件格式有＿＿＿＿和＿＿＿＿两种。

2．选择题

（1）在 AutoCAD 2018 中输出的三维 DWF 文件中，不能对模型进行的操作是（　　）。

　　A．缩放　　　B．旋转　　　C．编辑

（2）在 AutoCAD 2018 中设计的三维模型，若需要用其他 3D 打印机进行打印，则需要将三维模型输出（　　）格式的文件。

A．DWF　　　　B．PDF　　　　C．STL

3．操作题

（1）打开数字资料包中"模块 5\任务 2\五角星.dwg"文件，将其输出为三维 DWF 文件。

（2）打开数字资料包中"模块 5\任务 2\水杯.dwg"文件，将其输出为其他三维打印文件。

反侵权盗版声明

电子工业出版社依法对本作品享有专有出版权。任何未经权利人书面许可，复制、销售或通过信息网络传播本作品的行为；歪曲、篡改、剽窃本作品的行为，均违反《中华人民共和国著作权法》，其行为人应承担相应的民事责任和行政责任，构成犯罪的，将被依法追究刑事责任。

为了维护市场秩序，保护权利人的合法权益，我社将依法查处和打击侵权盗版的单位和个人。欢迎社会各界人士积极举报侵权盗版行为，本社将奖励举报有功人员，并保证举报人的信息不被泄露。

举报电话：（010）88254396；（010）88258888

传　　真：（010）88254397

E-mail：　dbqq@phei.com.cn

通信地址：北京市万寿路 173 信箱

　　　　　电子工业出版社总编办公室

邮　　编：100036